# ゼロからわかるブラックホール

## 時空を歪める暗黒天体が吸い込み、輝き、噴出するメカニズム

大須賀　健

ブルーバックス

装幀｜芦澤泰偉・児崎雅淑
本文デザイン｜齋藤ひさの（STUDIO BEAT）
本文イラスト｜斉藤綾一
本文図版｜齋藤ひさの（STUDIO BEAT）／さくら工芸社
カバー画像｜ハイブリッド・ジェットのシミュレーション結果（提供／大須賀健）

# はじめに

「空間は歪んでいる！」

１９１９年、驚くべきニュースが世界中を駆け巡り、一般相対性理論（一般相対論）が正しいことが認められました。しかし、この一般相対論は、提唱者であるアインシュタインさえ想像を絶した、おそるべき天体を予言していました。

無限に物質を吸い込む時空の裂け目、光さえも脱出できない暗黒天体、〝ブラックホール〟です。

予言されたブラックホールは、現代物理学の二本の柱、相対論と量子論を両輪としてその理解が進みました。相対論は時間と空間の概念を根底から覆し、量子論は白色矮星《はくしょくわいせい》や中性子星といった奇妙な天体の理解を助けました。そして熱く長い論争を経た末に、ブラックホールという信じがたい天体の存在が理論的に認められたのです。

その後、観測天文学の進歩によってブラックホールは実際に発見されました。一般相対論が登場してからわずか半世紀の間に、ブラックホールは予言され、理解され、そして発見されたのです。人類の英知が偉大な勝利を勝ちとった世紀、それが20世紀でした。

しかし、その実在はおよそ間違いないとわかったものの、調べれば調べるほどブラックホールのイメージは大きく変わっていきました。当初は暗く冷たい天体と考えられていたのが、いまでは宇宙で最もパワフルな天体の一つとされています。実はブラックホールは、宇宙で最も明るく輝き、超高速で物質を噴出していることがわかってきたのです。その驚異のパワーは、星や銀河、宇宙全体の構造に影響を与えたとさえ指摘されています。

また、ホーキングはブラックホールが粒子を放射することを予言し、「暗黒天体」というブラックホールの基本イメージさえも覆そうとしています。さらに、巨大加速器ＬＨＣの稼働により、はるか宇宙のかなたの存在であったはずのブラックホールが、地球上で誕生する可能性さえ浮上しているのです。

ブラックホールの描像は、最新の理論や観測技術の向上により、今日も進化を続けています。また、スーパーコンピュータを駆使した超大規模計算（シミュレーション）が威力を発揮し、ブラックホールの謎は現在も次々と解明されています。最新の研究成果から片時も目が離せない状況が続いているのです。

ブラックホールは今も昔も、人々の興味を引いてやみません。老若男女を問わず、いまや名前を聞いたことがない人はいないほどでしょう。本書の目的は、ブラックホール登場以来の歴史をひも解きつつ、基本的なところから最新の理論までをやさしく解説することです。さらに読み物としても楽しんでいただけるように、アインシュタインをはじめとする有名な研究者たちのエピソードや、昨今の研究事情もちりばめてあります。とくに第2章から第4章は科学史的な内容にもなっています。

ブラックホールの解説書はこれまでにも多数書かれていますが、本書では、厳密さはある程度(かなり?)犠牲にしてでも、イメージを理解できるようにという方針を徹底しました。ブラックホールを理解するにはどうしても、一般相対論や量子論といった現代物理学を避けて通ることはできませんが、それらもときに大胆にかみくだいて、読者のみなさんがわからなくなって置いていかれることがないように心がけました。それでも少々難解な部分や、枝葉であろうと思われる部分については、すべてを理解する必要はないことを冒頭で予告しています。

数は少ないものの、数式も出てきます。まどろっこしい文章で伝えるよりも、式や計算を見せたほうがすっきり理解できる場合に限って使っています。しかし、そもそも私自身、数学があまり得意ではありません。ゴリゴリと長い式を見せられても理解できず「結局のところどういうことなの?」と聞いてしまいます。自分がそういう苦労をしているので、とにかく数式のせいで読むのがいやにならないようにと心がけて執筆に臨みました。

専門家をはじめ、ブラックホールにくわしい方には少々眉をひそめたくなるようなところもあると思います。私もそうですが、研究者は自分の研究ターゲットに恋しています。少しでもくわしく、少しでも正確に説明することで誠意を示したい気持ちがあります。しかし、それは本書の目的ではありませんので、どうかお許しいただきたいと思います。

ブラックホールの研究が、即座に人類の役に立つとは思えません。しかし、この不思議な天体が人類のあくなき好奇心を刺激し、物理学や天文学の発展に貢献してきたのは事実です。私は本書の執筆を通じて、あらためてブラックホールの研究者の一人であることを誇りに思うようになりました。ただし、人類の偉大な勝利であるブラックホールの研究成果は、研究者だけによるものではないとも思っています。研究をサポートする技術者や政府、そして納税者であるみなさんの成果でもあるのです。

繰り返しますが、本書の特色はブラックホール研究の黎明《れいめい》期から最新の理論までを、重要な物理を省くことなく、しかも誰にでもわかるように解説しているところにあります（厳密さは犠牲にしています）。みなさんが貢献者の一人として、人類の勝利の物語を楽しみ、そして研究の最前線の雰囲気を感じとってもらえれば幸いです。

BLACK HOLE

# もくじ

## 第3章

## 大論争！　ブラックホールは実在するか？……55

BLACK HOLE

## 第4章 超巨大ブラックホールの発見……87



## 第5章 超巨大ブラックホールの謎……115

BLACK HOLE

BLACK HOLE

# 第1章

# ニュートン力学のブラックホール

地球の場合、半径約9ミリメートルまで押しつぶすとブラックホールになります。角砂糖1個程度の大きさです。もともとの地球の半径は約6400キロメートルですから、ブラックホールがいかにコンパクトな天体かおわかりいただけるでしょう。（本文より）

ブラックホール――それは光さえ脱出できない暗黒天体です。読者のみなさんの中には、この摩訶不思議な天体をSF小説や映画などで知った方もいらっしゃるかもしれません。しかし、ブラックホールは架空の天体ではなく、天文学の重要な研究対象となっています。

ブラックホールを厳密に理解するためには、アインシュタインの一般相対性理論が欠かせません。実際、現代のブラックホールの描像は一般相対論をもとにして作られています。しかしながら、〝ブラックホールは一般相対論によって初めて予言された〟というのは誤解です。ブラックホールという名前では呼ばれていませんでしたが、暗黒天体の概念は一般相対論の登場前に、ニュートン力学をベースにしてすでに考えられていたのです。

ニュートン力学で暗黒天体を考えたのは、イギリスの天文学者であるミッチェルや、フランスの数学者ラプラスです。18世紀のことですので、一般相対論によるブラックホールが登場する100年以上も前のことになります。

この章ではミッチェルやラプラスが考えたブラックホールを説明します。一般相対論は次章の楽しみとして、まずはもっと気楽な方法でブラックホールを理解することから始めましょう。

## 脱出速度から考えるブラックホール

「ブラックホールはなぜ暗黒か?」。これを理解するには〝脱出速度〟を考えるのが最もやさし

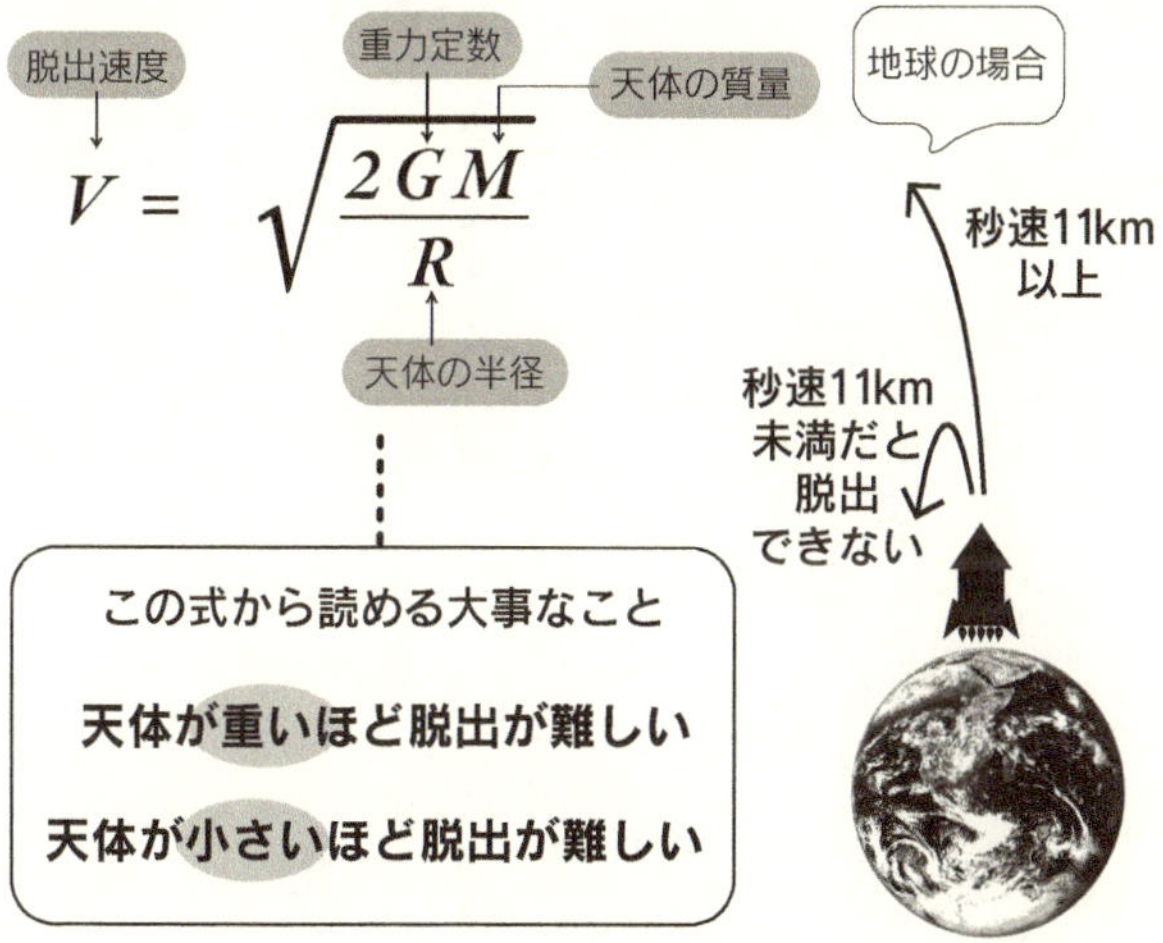


図１—１　脱出速度の求め方

い方法です。脱出速度を理解するために、まずは地球の表面から上空に向かってロケットか何かを打ち上げることを想像してください（図１—１）。地球の重力はこの物体を引っ張りますので、ちょっとやそっとの速度で打ち上げてもいつか勢いがなくなって落下してしまいます。これでは脱出失敗です。みごと地球から脱出し、はるか遠方まで飛び去るには重力に打ち勝つだけの大きな速度が必要です。この重力に打ち勝つための速度が脱出速度です。打ち上げる際の速度が脱出速度より小さければその物体はいずれ落下し、大きければはるか彼方に飛び去ることができるというわけです。

脱出速度は天体表面の重力で決まります。具体的な式は図１—１中に記しました。定数やルートがあってややこしく思えるかもしれませんが、ここでは分子に「天体の質量」、分母に「天体の半径」があることにだけ注目してください。この式は、天体の質量が大きいほど、そして天体が小さいほど、脱出速度が大きくなることを意味しています。つまり重くて小さい天体ほど脱出が難しくなるわけです。

地球を例にとって計算してみると、脱出速度はおよそ秒速11キロメートルになります。およそ時速4万キロメートル以上の速度がないと、打ち上げたものは結局、地表に落ちてくるということになります。秒速11キロメートルは途方もなく大きな速度ですが、光の速度は秒速約30万キロメートルです。光は楽々、地球を脱出することができます。ちなみに太陽の脱出速度は秒速約620キロメートル、時速約220万キロメートルにもなります。太陽の半径は地球より大きいのですが、それ以上に質量が大きいため脱出速度も大きくなるのです。ただし、それでも秒速約30万キロメートルで進む光は簡単に脱出できます。

## 地球をブラックホールにするには？

では、脱出速度が理解できたところで、仮想的にですがブラックホールを作ってみましょう。もう一度地球を例にとります。地球の半径は約6400キロメートルですが、それを押しつぶしていきましょう。実際には不可能なことだと思いますが、そこは目をつぶってください。押しつぶしても地球の質量は変わりませんので、半径が小さくなるにつれて脱出速度が上昇することになります。

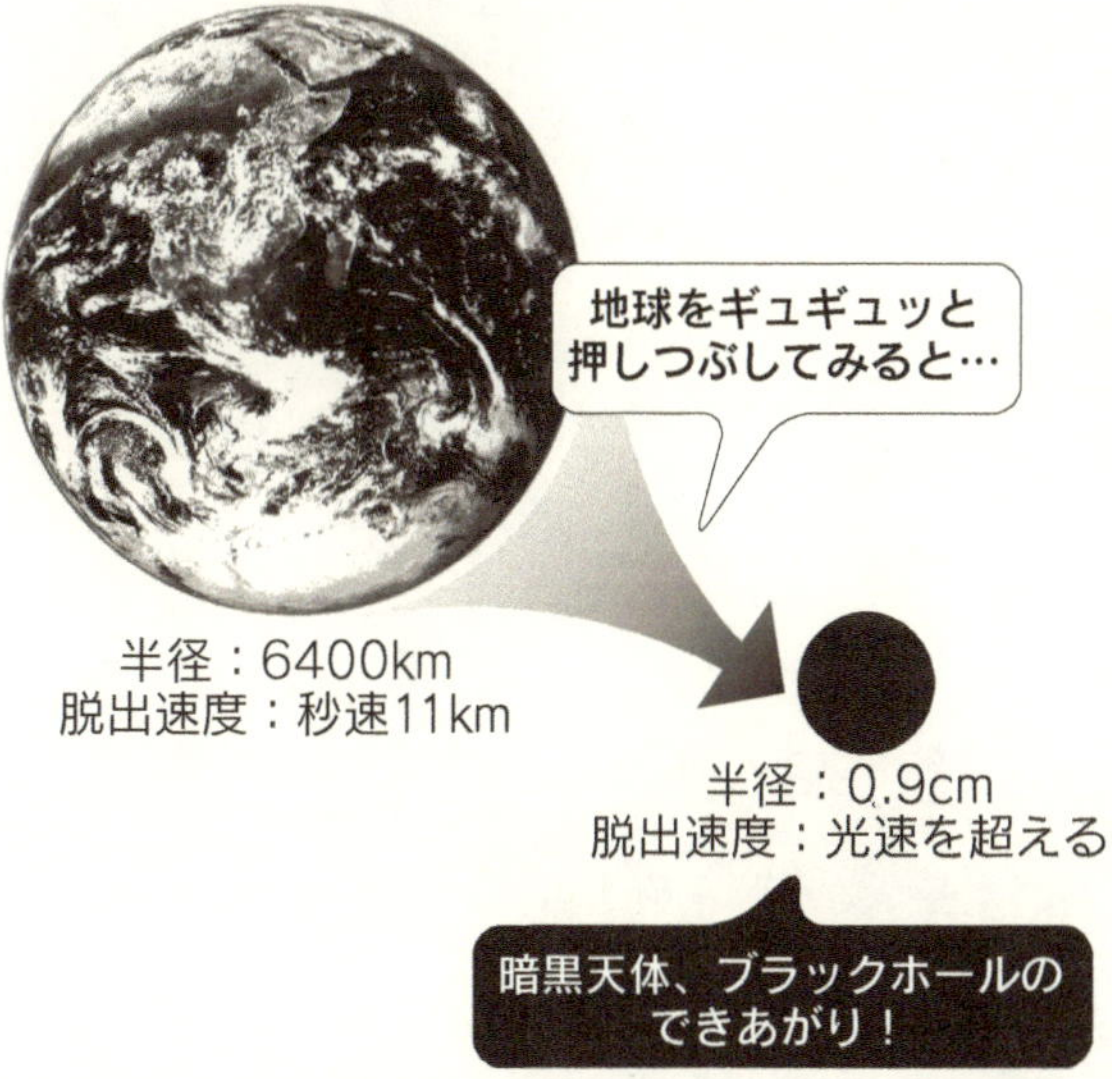
地球をギュギュッと押しつぶしてみると…
半径：6400km
脱出速度：秒速11km
半径：0.9cm
脱出速度：光速を超える
暗黒天体、ブラックホールのできあがり！

図1—2　地球を押しつぶしてブラックホールを作ると

もともと秒速11キロメートルだった脱出速度は、地球の半径が100分の1になるころには秒速110キロメートルになります。脱出がどんどん困難になっていくのです。さらに押しつぶして地球を小さくすると、ついには脱出速度が秒速30万キロメートルを超えます。光の速度をもってしても脱出できないほど重力が強くなるのです。光が脱出できないということは、地球が見えなくなるということです。白い雲も青い海も見ることはできません。図1—2のように真っ黒になってしまうわけです。これがブラックホールです。

地球の場合、半径約9ミリメートルまで押しつぶすとブラックホールになります。角砂糖1個程度の大きさです。もともとの地球の半径は約6400キロメートルですから、ブラックホールがいかにコンパクトな天体かおわかりいただけるでしょう。なお、半径約70万キロメートルの太陽の場合は、半径3キロメートルまでつぶすとブラックホールになります。太陽ほどの質量であっても、ブラックホールにするとたかだか3キロメートルなのです。

太陽と地球では構成する物質の割合が異なります。太陽の材料は主に水素やヘリウムで、それより重い元素が微小量、含まれています。それと比べると、地球の場合は重い元素の割合が多くなっています。しかしながら、そういった違いはブラックホールの性質にいっさい反映されません。仮に地球をたくさん集めて太陽と同じ質量のブラックホールを作ったとします。すると、このブラックホールと、太陽を押しつぶして作ったブラックホールを区別することはできません。同じ質量のブラックホールが二つあるだけで、もともとの天体が何だったのか、材料が何だったのかを知ることはできないのです。

言いかえると、ブラックホールを作るには特別な材料は必要ありません。どんな物質であってもそれを小さく押しつぶせばブラックホールになってしまいます。材料の種類や性質はまったく関係なく、「質量」と「サイズ」、それだけが重要なのです。

$$V = \sqrt{\frac{2GM}{R}}$$

**脱出速度（$V$）に光速（$c$）を代入してみると下の式が出てくる**

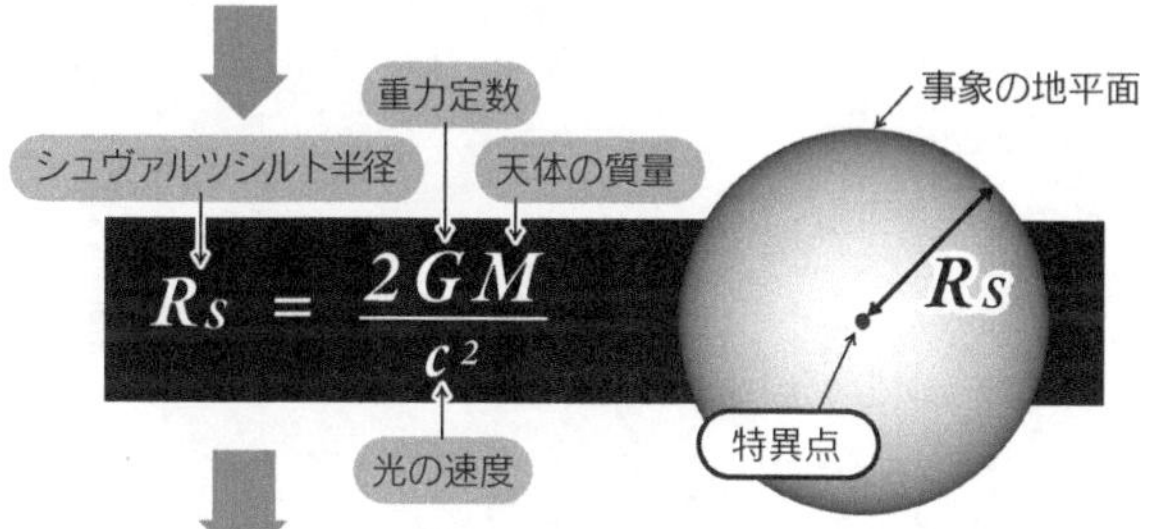


**質量（$M$）に地球、太陽それぞれの質量を入れて計算すると**

地球質量の場合　半径：0.9cm
太陽質量の場合　半径：3km　と出てくる

図1―3　シュヴァルツシルト半径の求め方

## サイズを決めるシュヴァルツシルト半径

天体の質量が決まれば、必然的にそれをブラックホールにするためのサイズが決まります。さきほどの例では地球の半径9ミリメートル、太陽の半径3キロメートルがこのサイズです。このサイズは簡単な計算で求めることができます。図1―3にブラックホールのサイズ（半径）を求める式を示しました。分子に天体の質量があり、それ以外はすべて定数であることに注目してください。ブラックホールの半径は質量に比例するのです。

実はこの式は、ここで新たに登場したわけではありません。ここまで使ってきた脱出速度の式をちょっと変形しただけのものです。興味のある方は試しに図1―1の脱出速度の式の左辺に、光の速度を代入して変形してみてください。すぐに図1―3の下の式が出てくると思います。また、実際に地球や太陽の質量を入れて計算してみてください。9ミリメートル、3キロメートルといった値が得られるはずです。

なお、「太陽質量のブラックホールの半径は3キロメートル」という値は、覚えてしまうことをお勧めします。ブラックホール天文学では、ブラックホールの質量を「太陽質量の何倍」という言い方をしますので、太陽質量のときは3キロメートルと覚えておけば計算が楽になります。

このブラックホールの半径は「シュヴァルツシルト半径」と呼ばれています。第2章でくわしく説明しますが、シュヴァルツシルトはアインシュタインが提唱した一般相対論をいち早く解いてブラックホールを予言したことで知られている人物です。この人の名前にちなんでこう呼ばれているのです。

ここで、あることに気づいた鋭い読者もいらっしゃるかもしれません。そうです、シュヴァルツシルトは一般相対論を解いてこの半径を導きましたが、この章の議論では、一般相対論はいっさい使っていません。それにもかかわらず、脱出速度から求めたブラックホールの半径と、一般相対論から求めたブラックホールの半径はみごとに一致するのです。これには何か深い理由があるのか、それとも神様のサービスなのか？　私にはわかりません。

一つ注意をしておきますが、シュヴァルツシルト半径といっても、そこに地面のようなものがあるわけではありません。シュヴァルツシルト半径より小さく押しつぶされた天体は、自分自身の重力で中心に向かって無限に収縮していきます。何らかの方法で地球を必死に押しつぶし、9ミリメートルまで縮めることができれば、それ以降は勝手に3ミリメートル、1ミリメートル、0・1ミリメートル……という具合に無限に縮んでいくのです。収縮が止まらない理由は、重力に対する反発力がないからです（くわしくは第3章で説明します）。シュヴァルツシルト半径とは、光が脱出できるかどうかの境界です。つまり、暗黒領域とそうでない領域の境界ということになります。この境界面を「事象の地平面」と呼びます。したがって、地面のように明確な境界がなくても、シュヴァルツシルト半径をもってブラックホールのサイズとしているのです。

無限に収縮した天体はどうなるのか？　単純明快で興味深い問題なので、ぜひ知りたいと思われる方も多いことでしょう。私もその一人です。しかし、残念ながらその答えはまだわかっていません。無限小の一点にすべての質量が集まると、密度が無限大になります。私たちが知っている物理法則が使えない状態になってしまうのです（これを「特異点」と呼びます）。また、シュヴァルツシルト半径より内側の現象なので、観測することも不可能です。理論的手段で研究を進めるしかありません。最新の理論物理学を駆使した研究がいまも活発にすすめられているので、もしかしたら近い将来に答えが得られるかもしれません。

## 現実のブラックホールのサイズ

ここまでは架空の話として太陽や地球からブラックホールを作る話をしました。本章の最後に現実のブラックホールのサイズを考えてみましょう。

私たちの銀河系（私たちが住む銀河を他の銀河と区別して「銀河系」と呼びます）で実際に見つかっているブラックホールは、多少のばらつきはありますがおよそ太陽の10倍の質量を持っています。特例が銀河系の中心にある超巨大ブラックホールで、400万倍の太陽質量と見積もられています。すでに説明したように、ブラックホールの大きさを表すシュヴァルツシルト半径は、ブラックホールの質量に比例します。したがって、太陽の10倍の質量を持つブラックホールのシュヴァルツシルト半径は30キロメートルになります（太陽質量のブラックホールのシュヴァルツシルト半径は3キロメートルでしたね）。30キロメートルというのは、東海道新幹線で言えばだいたい東京と新横浜間の距離に相当します。マラソンランナーなら2時間もかからずに走れる距離です。天体のサイズとしてはとてつもなく小さいことが実感できると思います。

太陽質量の400万倍の質量を持つ超巨大ブラックホールのシュヴァルツシルト半径は1200万キロメートルです。地球と太陽の距離は約1億5000万キロメートルですので、その10分の1以下ということになります。約10万光年（約$10^{18}$キロメートル）といわれる銀河系のサイズと比べると、１０００億分の１しかないのです。超巨大ブラックホールと呼ばれてはいますが、巨大なのは質量であって、サイズは非常に小さいのです。

## BLACKHOLE 1 この章のまとめ

ブラックホールは非常にコンパクトな暗黒天体です。その強い重力のため、シュヴァルツシルト半径より内側からは光でさえ脱出することができません。太陽の10倍程度の質量を持つブラックホールが見つかっていますが、そのサイズは30キロメートルほどでしかありません。銀河系中心の超巨大ブラックホールにしても、そのサイズは銀河系のサイズと比べるとはるかに小さいのです。

本章で採用した脱出速度を使った理解のしかたは、厳密さに欠けることは事実です。しかしながら、ブラックホールが暗黒である理由を大まかに理解し、シュヴァルツシルト半径を導くためには有効な手段となっています。

# 第2章

# 一般相対論のブラックホール

ミッチェルやラプラスのブラックホールの説明では少しズルをして光が曲がって落ちてくるという理屈を使いましたが、本来、ニュートン重力では空間は平坦で光は直進するとしています。一方、一般相対論では空間は歪むと考えます。歪んだ空間を進む光が曲がるのです。（本文より）

前章では、脱出速度を使ってブラックホールが暗黒である理由と、そのコンパクトさについて説明しました。この章では一般相対論の予言するブラックホールについて説明します。ただし、本書では一般相対論を厳密に説明することはしません。込み入った議論に立ち入らず、一般相対論による重力やブラックホールのイメージが湧くように、思いきってかみくだいた解説を展開しています。ほとんどの方はニュートン重力しかご存じないと思いますが、本章を読めば、空間や重力の考え方が一変することになるでしょう。

もし読んでみたけども理解できないということがあっても気にすることはありません。結果として得られるブラックホールの性質は、前章で説明したブラックホールと大差ないからです。初めてブラックホールの本を読む方や、前章の説明で十分と思われた方は、軽く読み流していただいて結構です（ただし、第8章や第10章では本章の知識を少々使います）。

また本章ではアインシュタインやエディントン、シュヴァルツシルトといった科学者たちの苦労や活躍も紹介していますので、一般相対論の物語と思って気楽に挑戦してください。

## ミッチェルとラプラスの方法の問題点

実は、前章で説明したミッチェルやラプラスのブラックホールは真に暗黒のブラックホールではありません。一方、一般相対論が予言するブラックホールは真に暗黒です。なぜ、ミッチェル

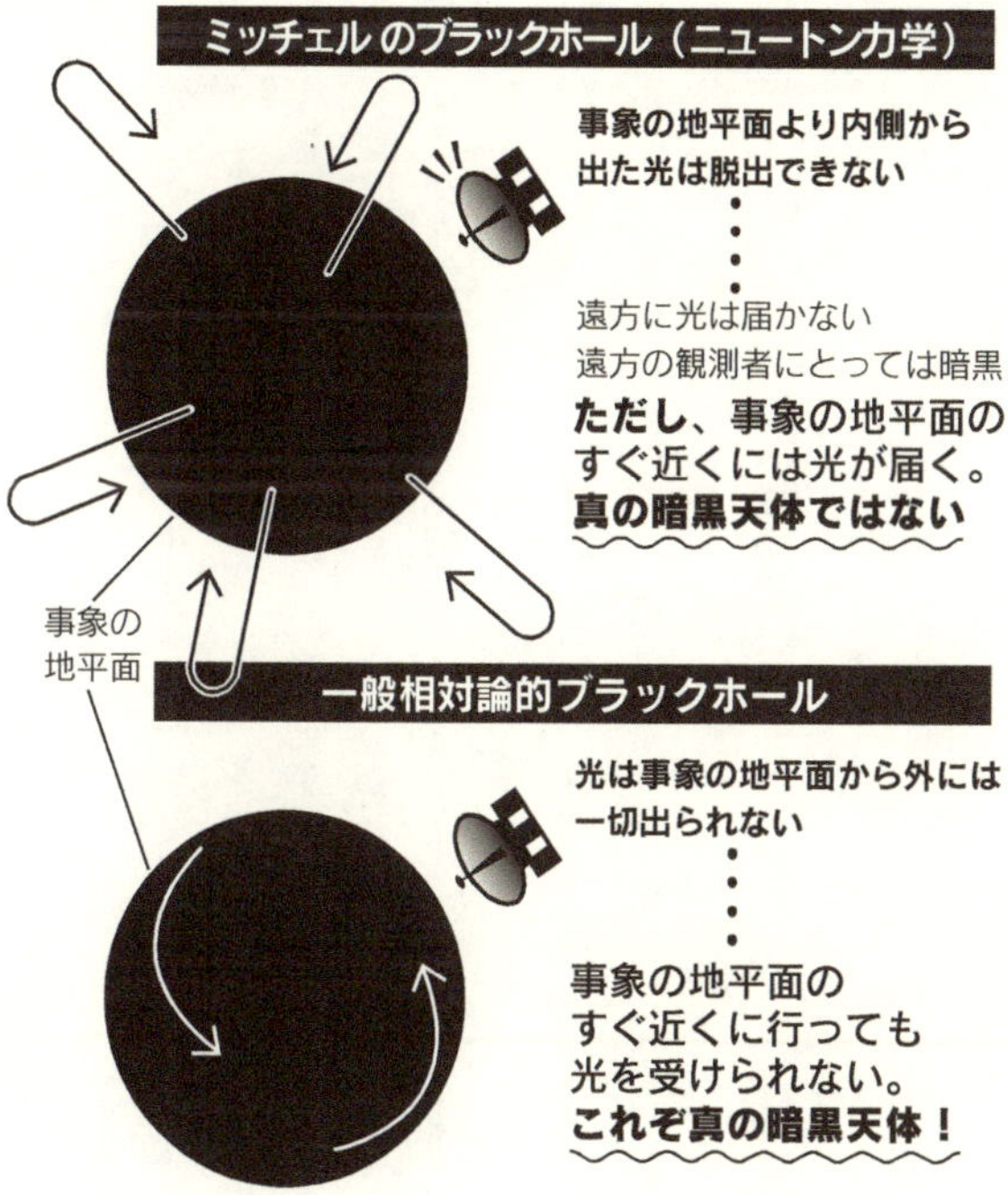


図2―1　ミッチェルのブラックホールと一般相対論のブラックホール

のブラックホールは真に暗黒ではないのでしょうか？　前章の説明でごまかしていた部分を、最初に解説します。

もう一度脱出速度について考えてみましょう。脱出速度とは天体表面から打ち上げられた物体が、天体の重力を振り切り無限遠方に飛び去るのに必要な速度です。それ以下の速度で打ち上げても結局は重力に負けて落下します。シュヴァルツシルト半径より内側では、脱出速度が光の速度を超えるので光でさえも無限遠方まで脱出することはできません。ここまでは前章で説明した通りです。

しかし、無限遠方まで脱出することはできなくても、ある程度の高さまでなら光は到達することができます（その後はブラックホールに落下しますが）。ということは、ブラックホールの近くで観測すれば、シュヴァルツシルト半径より内側から出てくる光を見ることができるわけです。ブラックホールの近くまで観測衛星を送り込むことができれば、図2―1の上のようにブラックホール内部からの光を観測できるのです。ミッチェルやラプラスのブラックホールは、確かにはるか遠方の観測者からは暗黒に見えるでしょう。しかし、それは真に暗黒なブラックホールではないのです。それに対し、一般相対論が予言するブラックホールは真に暗黒です。ブラックホールの表面まで近づいても、内部から光が漏れてくることは決してありません（図2―1下）。

また、ミッチェルやラプラスの理論はニュートン重力に基づいているにもかかわらず、質量のない光が曲がるというのはおかしいじゃないかという意見も聞こえてきそうです。それもその通りです。

このように、ミッチェルやラプラスのブラックホールは実は厳密なものではありません。非常に簡単にブラックホールを理解できるという意味では有効ですが、厳密には一般相対論が必要であるということを覚えておくとよいでしょう。

## ニュートン重力と一般相対論の違い

真に暗黒なブラックホールを予言する一般相対論は、アインシュタインによって構築されました。アインシュタインは１９０５年に発表した特殊相対性理論（特殊相対論）を発展させ、１９１５～１９１６年に、ついに一般相対論を完成させたのです。

特殊相対論は光の速度に近い物体の運動を解くための理論です。しかし当時、絶対的に信じられていたのはニュートン力学でした。

アインシュタイン

特殊相対論は、物体の速度が光の速度よりも十分に遅いときはニュートン力学と一致するのですが、速度が光の速度に近づくにつれてニュートン力学からずれていきます。ここでは詳細には立ち入りませんが、高速で動いている棒が短く見える、高速で動いている人の時計はゆっくり進むといった話を聞いたことがある読者も多いと思います。これが特殊相対論独特の結論であり、ニュートン力学ではそのような現象は現れません。結局、特殊相対論のほうが正しいことが認められ、特殊相対論 vs. ニュートン力学、アインシュタインが偉大な物理学者ニュートンに挑んだ第１ラウンドは、アインシュタインの勝利に終わったのです。

しかしながら、特殊相対論は「重力」を扱う理論ではありませんでした。重力においてはいまだニュートン重力が世界的に信用されていたのです。そこでアインシュタインは特殊相対論を足掛かりとし、いよいよ新たな重力理論、一般相対論へと進みます。

話はそれますが、1905年当時、アインシュタインは大学で研究をしていたわけではなく、特許局に勤めるお役人でした。大学での態度や成績が芳しくなかったため、研究職に就けなかったのです。とくに数学は物理を解くための道具でしかないと考え、ミンコフスキーの数学の講義を真面目に受けなかったといわれています。しかし皮肉なことに、ミンコフスキーの理論は特殊相対論の理解に大いに役立っています。

もう一つ話はそれますが、アインシュタインが特殊相対論を提出した1905年は〝奇跡の年〟と呼ばれています。アインシュタインが特殊相対論のほかにも、光や分子の性質に関わる重要な論文を立て続けに発表したからです。そして、この光の性質に関わる研究により、アインシュタインはノーベル賞を受賞しています。ときどき誤解している人を見かけますが、アインシュタインは特殊相対論や一般相対論でノーベル賞を受賞したわけではないのです。

一般相対論に話を戻しましょう。アインシュタインは10年もの歳月をかけて、ついに一般相対論を完成させました。ニュートン重力と一般相対論では、重力の考え方が根本的に違います。こ

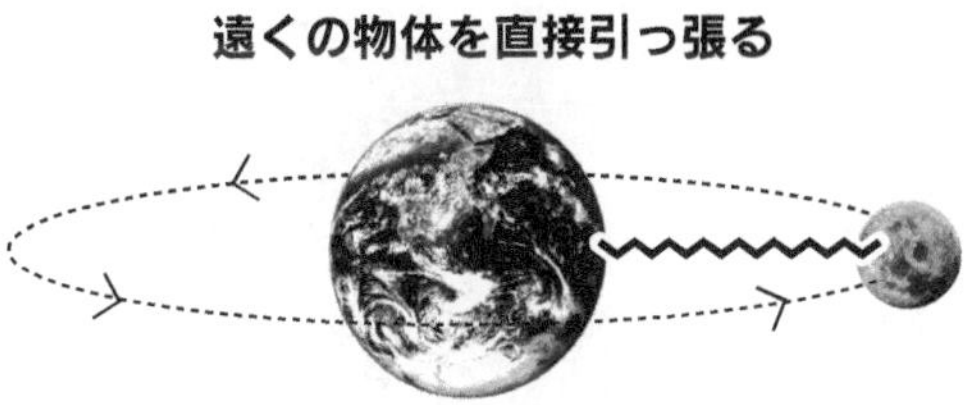


図２—２　ニュートン重力のイメージ

こではそのイメージをお伝えします。

図２—２に示したように、地球の周りを月が回っているという簡単な現象を例にとりましょう。ニュートン重力の特徴は、互いに離れている物体どうしが直接引っ張り合うことです。あたかも目に見えないバネでも存在するかのように、地球と月は引っ張り合います。これがニュートン重力のイメージです。この重力と遠心力とが釣り合うことで、月は地球の周りを回り続けることになるのです。

通常、力を及ぼすためには物体どうしが触れ合う必要があります。野球を例にとると、バットをボールに当てないと、投手が投げたボールを打ち返すことはできません。そんなことは当たり前すぎると思われたでしょうが、力を物理的に考えるうえで、これは大変重要なことです。なぜ重力は直接触れ合っていない物体にまで働くのか、この大問題についてニュートン重力は何も説明していません。それでもニュートン重力は、惑星の運動をうまく説明できることから絶対的な信頼を得ていたのです。

一般相対論での重力の考え方は、ニュートン重力とはまったく異なります。一般相対論ではまず物体の周りの空間が歪《ゆが》むと考えるのです。空間が歪むと言われてもすぐにピンとくる人はいないと思いますので、まずはトランポリンのようなゴム膜を使って説明しましょう。

ゴム膜の上に物体を置くと、その重みで膜が凹むことは容易に想像できるでしょう。図2―3の上の図を見てください。何もなければゴム膜はピンと張って平らですが、ボールを置くとその周りの膜が歪みます。ボールに近いところの膜に傾斜があることがわかると思います。そこにもう一つのボールを置いてみます。膜の傾斜によって最初に置いたボールの方に転がっていき、二つのボールはくっつくことになります。二つのボールは決して直接引っ張り合ったわけではありません。あくまで最初のボールは膜を歪ませただけですし、二つ目のボールは膜の傾斜で転がっただけです。ボールどうしに力は働いていませんが、結果としては膜を通して引っ張り合ったのと同じことになったわけです。

実はこの簡単なゴム膜の話は、一般相対論の重力の原理をみごとに説明しています。一般相対論の重力を理解するには、ゴム膜を宇宙空間に変えるだけでいいのです。物体が存在すると空間という膜が歪み、周囲に傾斜が作られます。そして空間の傾斜によって周囲の物体を引きつけるのです。これが一般相対論の重力のイメージです。質量を持った物体どうしが引きつけあうという結果だけ見れば、ニュートン重力と同じです。しかし、触れ合っていない物体に力が直接働い

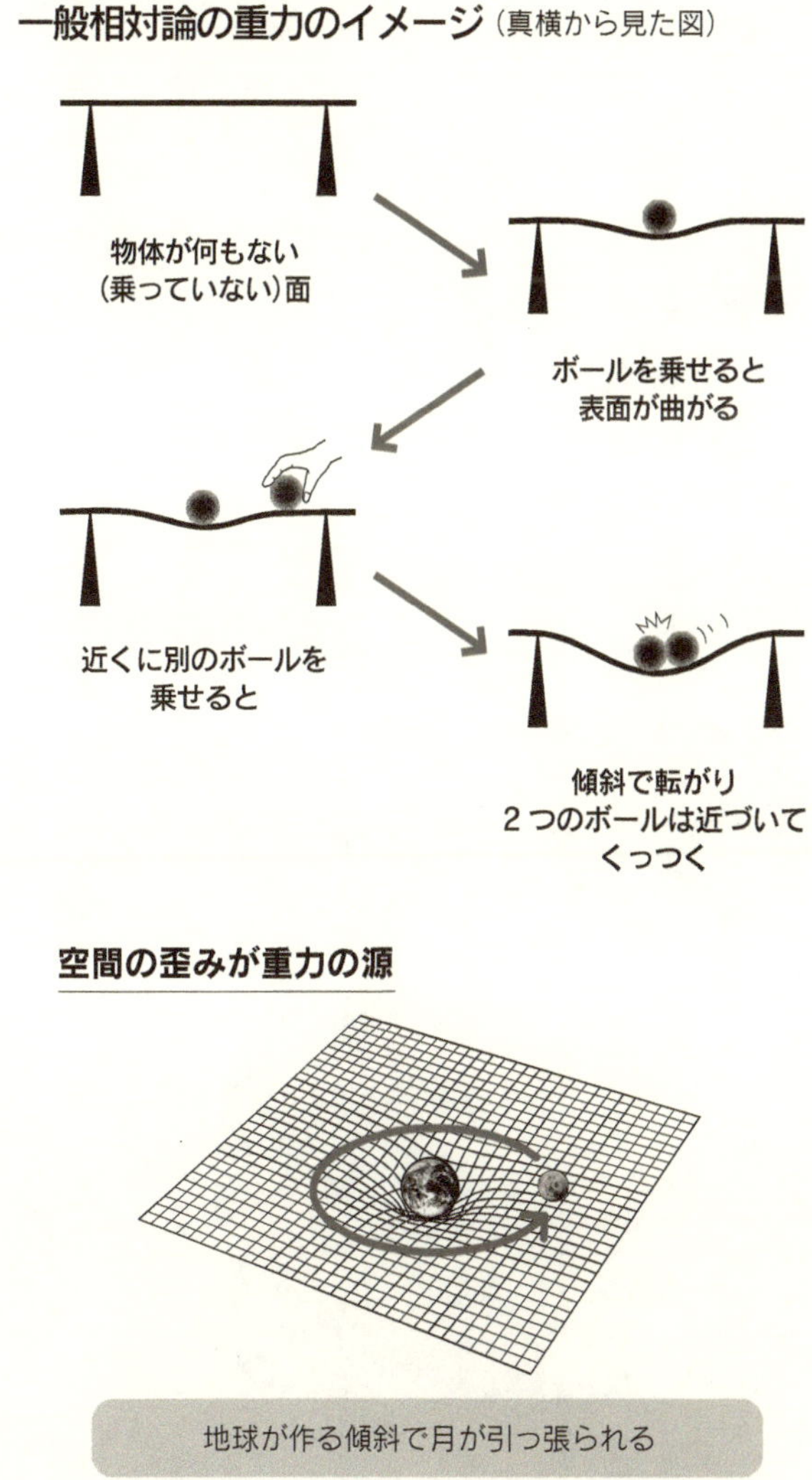


図２—３　一般相対論の重力のイメージ

たのではありません。物体は空間を歪ませ、空間の歪み（傾斜）が物体に力を及ぼす、つまり空間の歪みが介在している点がニュートン重力と決定的に違うのです。

それでは地球を回る月に話を戻しましょう。もう一度、図2―3を見てください。下の図は地球の周りの空間の歪みを表しています。天体が何もなければ空間は平坦になっているはずですが、地球が存在するため周りの空間が歪んでいます。さきほどの説明と同様、地球に向かって傾斜があるので月は地球に向かって引っ張られます。重力を受けるのです。そして、その重力と、反対の方向に働く遠心力という力が釣り合い、月は地球の周りを回り続けることになります。どうでしょう、一般相対論の重力のイメージが湧いてきたでしょうか。

## ニュートン重力の弱点

考え方はまったく違いますが、ニュートン重力を使っても、一般相対論を使っても、地球や木星の公転軌道を計算した結果はほとんど変わりません。そもそもニュートン重力の最大の功績の一つは太陽系の惑星の軌道をみごとに説明したことにあったのですから、当たり前と言えば当たり前です。惑星の軌道を説明できない重力理論が世界に認められるはずがないのです。

しかしながら、ニュートン重力には一つの弱点がありました。ほとんどの惑星の軌道を説明できるにもかかわらず、水星の軌道だけは正確に解くことができなかったのです。これは「水星の

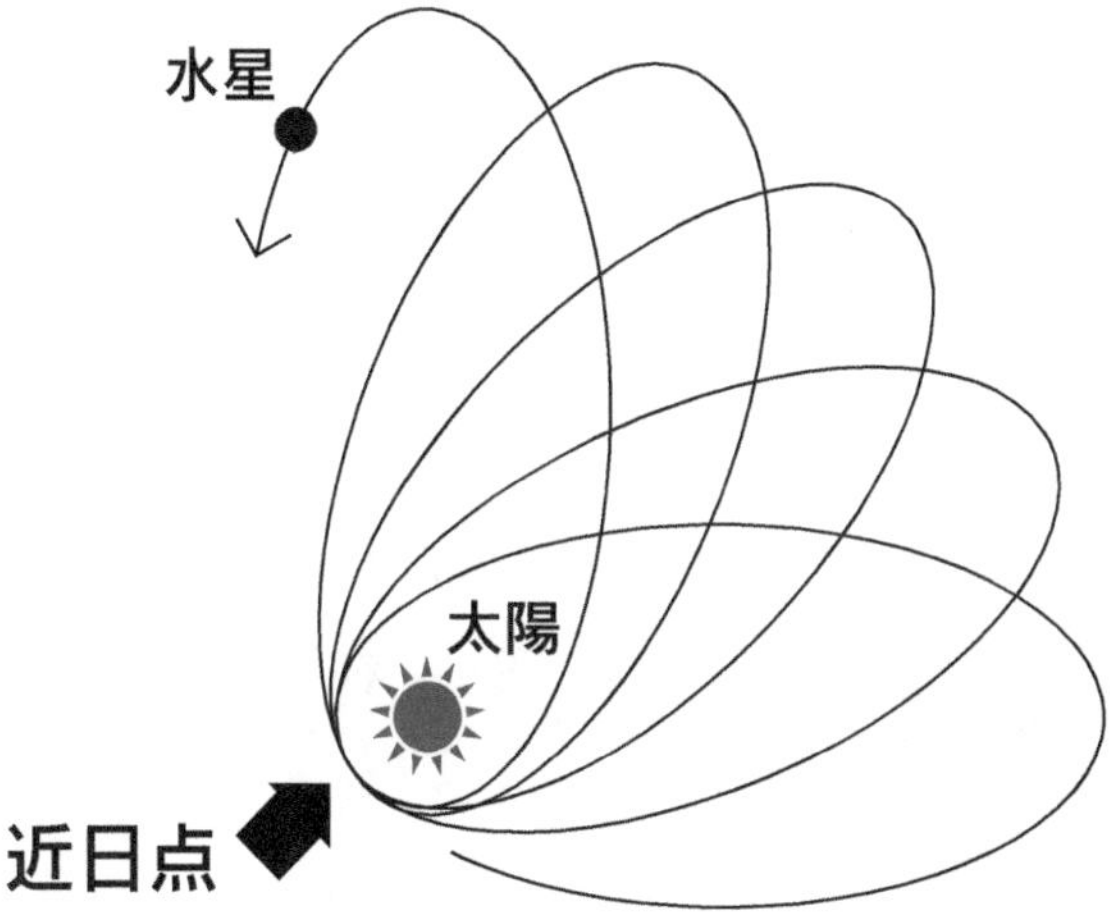


図２―４　水星の近日点移動

近日点移動の問題」といわれています。

　水星も含め、太陽系の惑星は完全な円軌道ではなく、わずかに歪んだ楕円軌道をとって太陽の周りを回っています。図２―４は太陽の周りを回る水星の軌道を模式的に描いたものです。水星の楕円軌道が少しずつずれていくことがわかります。楕円軌道のうち、いちばん太陽に近づく点を近日点と呼びますが、楕円軌道がずれると当然、近日点もずれるので、これを近日点移動と呼ぶのです。

　さて、水星の軌道は主に太陽の重力で決まっています。より正確に計算するには太陽の重力だけでなく、他の惑星からの重力も計算に入れる必要があります。しかし、そういった正確な計算をしても、ニュートン重力を使うかぎり水星の近日点移動を正しく解くことはできなかったのです。唯一の解決策が、水星よりもさらに太陽に近い軌道に未発見の天体が存在し、その重力の影響が効いているのだろうと解釈することでした。未発見の惑星は「バルカン」と名づけられ、活発に探査が行われましたが、ついに発見することはできませんでした。ニュートン重力に赤信号が灯ったのです。

アインシュタインは一般相対論の正しさを証明する一つの手段として、この水星の近日点移動を使いました。天体から離れた地点の重力を計算する場合、ニュートン重力でも一般相対論でもほぼ同じ結果になります。しかしながら重力の強い場所、すなわち天体に近づくと、ニュートン重力と一般相対論の違いが徐々に現れます。一般相対論の重力のほうが、ニュートン重力より強くなるのです。

アインシュタインは一般相対論を用いて水星の軌道を計算しました。その結果、一般相対論は水星の近日点移動をみごとに説明できることを示しました。一般相対論の正しさの一端が示されたのです。アインシュタインは喜び、自身の理論に自信を持ったことでしょう。

ただし、これは一般相対論の完全なる勝利を意味する結果ではありませんでした。惑星バルカンが本当に存在しないと決まったわけではないからです。計算が合わない理由を未知の天体に押しつけるというのは誉められた方法ではないと思われるかもしれません。しかし、この方法には、実際に海王星を発見したという実績があります。海王星は天王星の微小な動きからその存在

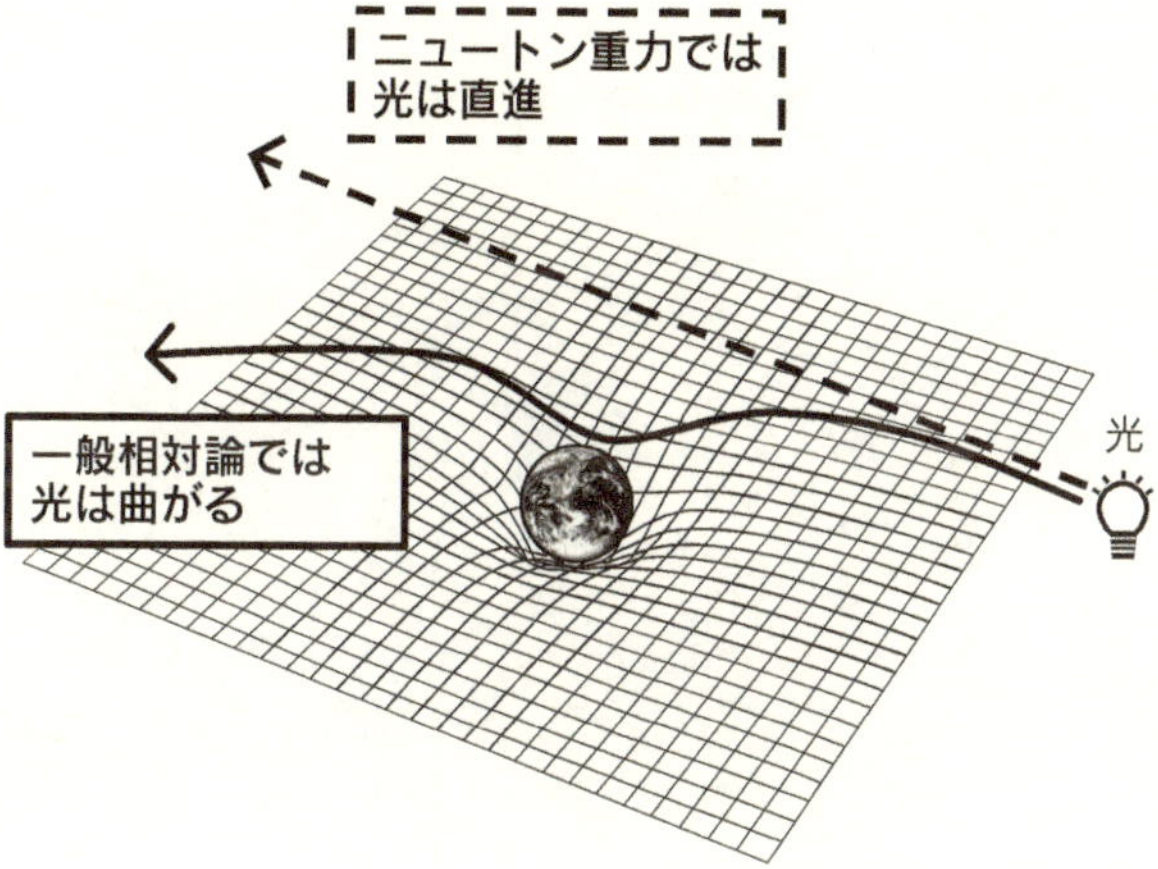


図２―５　光は曲がるか否か

が予言され、そしてみごとに予言どおり発見されました。惑星バルカンの存在可能性を盾にとってあくまでニュートン重力を擁護する人々さえも納得させる、強力な証拠が必要だったのです。

**光は曲がるか？**

一般相対論を完全に証明するにはどうすればいいか？　これには「光が曲がる」ことを検出するのが最良の方法と考えられました。ミッチェルやラプラスのブラックホールの説明では少しズルをして光が曲がって落ちてくるという理屈を使いましたが、本来、ニュートン重力では空間は平坦で光は直進するとしています。一方、一般相対論では空間が歪むと

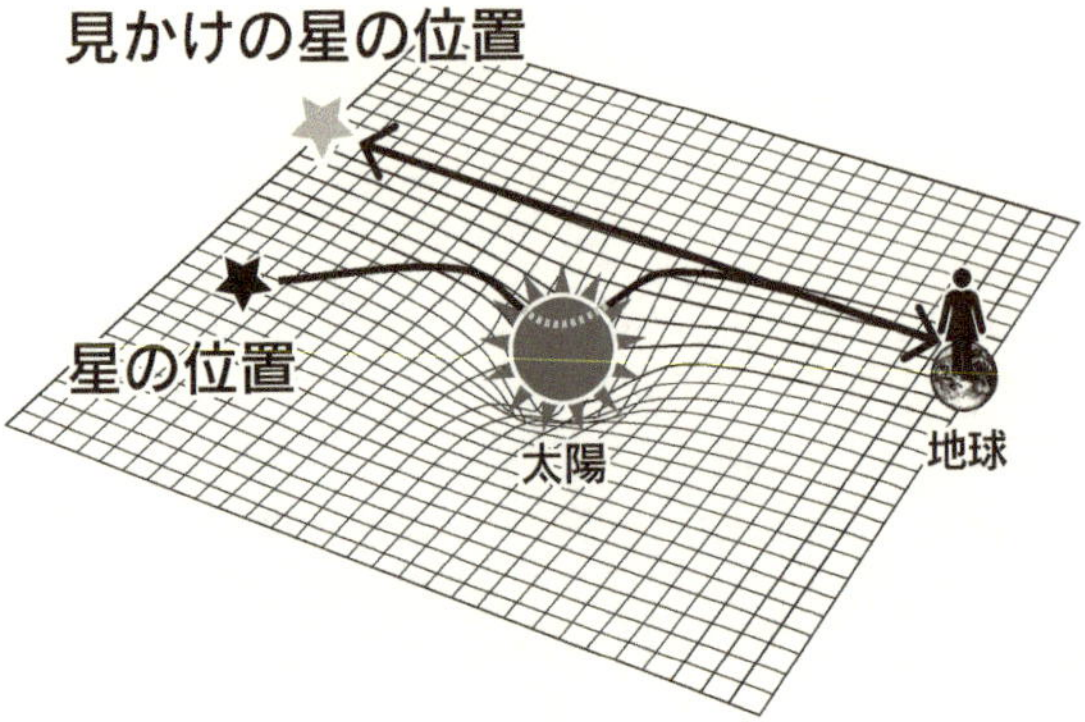


図2—6　光の曲がりの観測

考えます。歪んだ空間を進む光が曲がるというわけです。

イメージをつかむために、図2―5を見てください。一般相対論で天体の周りの空間が歪んでいます。凹んだ床の上でボールを転がすと、斜面に沿ってボールの軌道が曲がってしまいますが、光の軌道もそれと同じように曲がります。これが一般相対論の予言する光の曲がりの大まかなイメージです。第1ラウンド（特殊相対論 vs. ニュートン力学）で勝利したアインシュタインが、再びニュートンに挑んだ第2ラウンド、一般相対論 vs. ニュートン重力の勝敗は、光が曲がるか否かにかかってきたのです。

空間が歪み、光が曲がることを確かめ

るには、重い天体の近くを通る光を使うのが最善の方法です。空間の歪みが大きいほど光の曲がる角度も大きくなり、観測しやすくなるからです。身近な天体で最も大きい空間の歪みを作り出すのは太陽です。しかし、日中、太陽の近くを通る星の光を観測するのは、太陽自身の光が強すぎて不可能です。そこで、日食のときを利用して太陽の近傍の星の位置のずれを観測するという作戦が考えられました。

この方法について図2—6を使ってもう少しくわしく説明します。濃い色で塗られているのが本来の星の位置です。光が直進するのであれば、太陽があろうとなかろうと星が見える位置は変わりません。しかし、星と地球の間に太陽が来て空間が歪むと、星からの光が曲がるため、見かけ上の星の位置がずれることになるのです。太陽が間にないときの星の位置はふだんの観測でわかっていますから、太陽が間にあるとき（つまり日食のとき）に写真を撮り、星の位置がずれているかどうかを比べてみればいいわけです。

この観測を実行したのはイギリスの天文学者エディントンでした。しかしながら、そこに至るまでには、いくつもの困難を乗り越える必要がありました。

エディントン

## 一般相対論の完全勝利

研究者たちにとって、国境を越えての情報交換は自身の成果を知らしめ、研究を発展させるために欠かせないことです。ドイツに住むアインシュタインも、完成したばかりの一般相対論の論文を当時ドイツと並んで科学の先進国だったイギリスやアメリカの研究者たちに送ろうとしました。しかし、折しもヨーロッパは第一次世界大戦の真っただ中で、イギリスやアメリカはドイツの敵国でした。純粋な科学論文とはいえ、厳しい情報統制をかいくぐって文書を届けるのは困難をきわめました。ところが幸運にも、発送された論文のうち一通だけが、イギリスの天文学者エディントンの自宅に届いたのです。送ったのはアインシュタイン自身ではなく、オランダの天文学者ド・ジッター（「ド・ジッター宇宙モデル」で有名）でした。彼は友人であるエディントンこそが、一般相対論の価値を真に理解できる人間だろうと考えたのです。はたして論文を読んだエディントンは、即座にその重要性を認め、イギリスの天文学界に一般相対論を広めたのでした。

しかし、まだ困難がありました。当時のイギリス政府が兵力増強のため、徴兵の年齢の上限を引き上げたのです。34歳だったエディントンも徴兵される可能性が出てきました。そこでイギリスの天文学会は軍部に働きかけます。一般相対論は大変重要な理論であり、それを検証するための難しい観測を実行できるのはエディントンのほかにはいない、だからエディントンを徴兵しないでほしいと願い出たのです。この願いは受け入れられました。

そして１９１９年、すでに第一次世界大戦は終わっていましたが、約束通りエディントンは自ら観測隊を率いて、アフリカ沖のプリンシペ島へ遠征しました。もちろん日食観測を行うためです。イギリスが生んだ偉大な物理学者ニュートンの理論を覆す観測をイギリスの観測隊が行うというのは少し皮肉な気もしますが、これによってみごとに光の曲がりが観測されました。つまり、一般相対論の勝利が確定したのです。

ここで、一般相対論の予言がどれほど正確だったかを述べておきましょう。一般相対論を使って太陽近傍のある星の見かけの位置のずれを計算すると１・７５秒になります。ここでの１秒は時間ではありません。１度の３６００分の１の角度です。ニュートン重力では光は曲がらないので、もちろん星の位置のずれはゼロになります。エディントンが観測した結果、この星のずれは１・６秒±０・３秒（つまり誤差を考慮しても１・３秒から１・９秒）でした。星の位置がずれたという観測事実だけでも一般相対論の勝利と言えると思いますが、一般相対論はさらに、ずれの角度さえもぴたりと予言したのです。

実際に見かけの星の位置がずれている様子をお見せしましょう。図２−７はエディントンが観測したものではなく、エディントンの結果の確認のために再度観測された写真をもとに描いた図

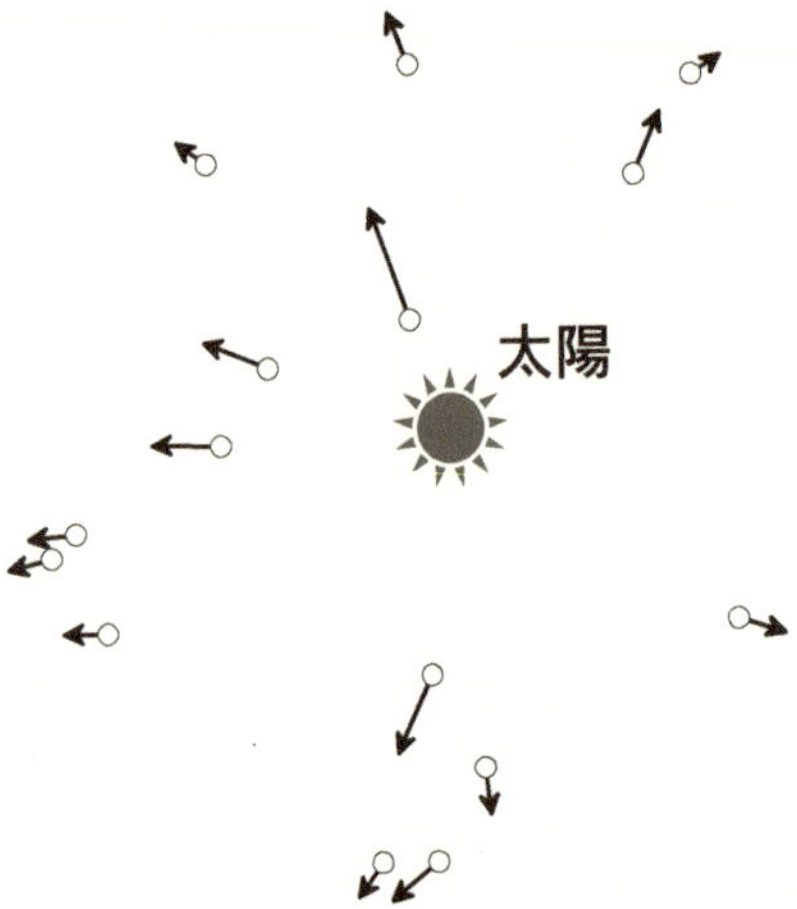


図2—7　観測された見かけの星の位置のずれ（"History of Relativity" in Twentieth Century Physics,vol.1の図を改変）

です。矢印は見かけの星の位置のずれを示しています（ただし、見やすいように大げさに描いてあります）。太陽の周りの星の位置がことごとくずれていることがわかるでしょう。

少々細かいことですので、読者のみなさんは必ずしも理解しなくてもかまいませんが、念のためこの図について もう少し説明しておきましょう。38ページの図2―6をもう一度よく見てください。この図は観測者から見て太陽の少し右にある星が、より右側にずれて観測されることを意味しています。つまり、星の位置がずれる方向は太陽から離れる方向なのです。同じことは左にある星でも上下にある星でも起こります。したがって図２―７のように、星全体が太陽から離れるように見かけの位置を変えるのです。また、空間の歪みは太陽に近いほど大きくなります。だから太陽に近い星ほど見かけ上の位置が大きくずれることになるのです。図２―７はこういった一般相対論の特徴とみごとに合致していることがわかります。

話をエディントンに戻します。無事に帰国したエディントンは、学会で結果を報告します。学会は一般相対論の正しさを認め、世界各国に伝わりました。一般相対論が正しく、空間が歪んでいるという記事は新聞の一面を飾り、アインシュタインは一夜にして有名人になりました。しかし、実はアインシュタインはこの学会に参加していません。一般相対論の生みの親であるにもかかわらず、学会に招待されなかったのです。そもそもエディントンの観測結果さえ直接知らされず、人づてに聞いたそうです。なぜか蚊帳《かや》の外だったわけです。

ここで一つ補足しておきますと、この学会では一般相対論が正しいという結論が速やかに出されたわけではありません。それどころか大いに紛糾したようです。一般相対論はもう一つの大きな予言をしていました。「重力赤方偏移」と呼ばれる現象です。重力の強い天体からやってくる光の波長が伸びるというものですが（くわしくは本章の最後で説明します）、これが観測されていないので、一般相対論を認めるのは時期尚早であるという一派がいたのです。しかしエディントンはこの一派を根気強く説得し、ようやく一般相対論の勝利を認めさせたのでした。

蛇足ですが、エディントンは会期中、「一般相対論は大変難解で、理解しているのは世界に三人しかいないというのは本当か？」という質問を受けたそうです。対して何も答えないエディントンに質問者は「謙遜しなくてもよいのでは？」と再度返答を促します。するとエディントンは「私とアインシュタインのほかは誰だろうと思ってね」と答えたと伝えられています。一般相対論の難解さと、自信に満ちたエディントンの心境がよくわかるエピソードです。

このようにエディントンによって証明された一般相対論ですが、エディントンの観測より数年前、実はアインシュタイン自身も光の曲がりを検出する観測を計画していました。アインシュタインは、フロイントリッヒという天文学者と共同作戦をとります。木星の近くを通る星の光の観測、日中の太陽の近くを通る光の観測など、いくつかのアイデアが検討されては没となり、最終的には日食観測というアイデアにたどり着きました。

1914年、まだ一般相対論は完全には完成していませんでしたが、光が曲がることを確信していたアインシュタインはフロイントリッヒに日食観測を託します。7月19日、フロイントリッヒ率いる観測隊はクリミア半島に向けてドイツを出発しました（アインシュタインは同行していません）。しかし、不幸にも7月28日、第一次世界大戦が勃発します。高性能な光学機器を持った観測隊は、敵国からはまさにスパイに見えたことでしょう。フロイントリッヒはロシアに捕らえられ、アインシュタインの日食観測の夢はついえたのです。

ちなみに、未完成だった当時の一般相対論で計算すると、光の曲がりの角度は正しい値の半分になるそうです。もしフロイントリッヒの観測が成功し、予想の2倍の曲がりが検出されていたら、アインシュタインはどうしたのでしょうか？　光が曲がったことで自信を深め、さらに研究を推し進めて一般相対論がより早く完成したかもしれません。しかし、もしかしたら角度が合わないことに失望し、一般相対論を捨て去ってしまったかもしれません。いまとなっては想像するしかありませんが、興味深いところです。

## 一般相対論が予言するブラックホール

ここまで、一般相対論がニュートン重力に勝利する経緯を説明しました。それではいよいよブラックホールの登場です。

１９１５〜１９１６年にアインシュタインが一般相対論を発表すると、いち早くそれを解き、ブラックホールの存在を予言するブラックホール解を発見した人物がいました。ドイツの天文学者シュヴァルツシルトです。当時、シュヴァルツシルトは東部戦線で戦争に参加していました。そのような状況でブラックホール解を見つけたのです。前節で説明したように、エディントンが日食観測によって一般相対論を証明したのは１９１９年です。一般相対論が証明されるより前に、すでにブラックホールは予言されていたのです。

シュヴァルツシルト

シュヴァルツシルトが発見したブラックホールを大まかに理解するため、図2―8を見ながら、再びゴム膜をイメージして空間の歪みを考えてみましょう。

すでに説明したように、物体が存在しなければゴム膜は平らでピンと張っています。しかし、物体を置くとその重さでゴム膜が凹みます。ここまでは復習です。

では次に、物体の重さや大きさを変えてみましょう。想像できると思いますが、載せる物体が重いほどゴム膜は深く凹むことになります。また、大きさについて考えてみると、同じ重さなら小さい物体を載せるほうがゴム膜の凹みは大きくなります。サッカーボールを載せる場合と、砲丸投げの鉄球を載せる場合を想像してみてください。鉄球を載せた場合のほうが、ゴム膜が深く凹むのは明らかです。

重くて小さい物体を載せるほうがゴム膜がより深く凹むということは、すなわち重くて小さな天体の周りほど、大きく空間が歪むということを意味しています。

宇宙にはさまざまな質量の天体があります。しかし、同じ質量で比べるならばブラックホール

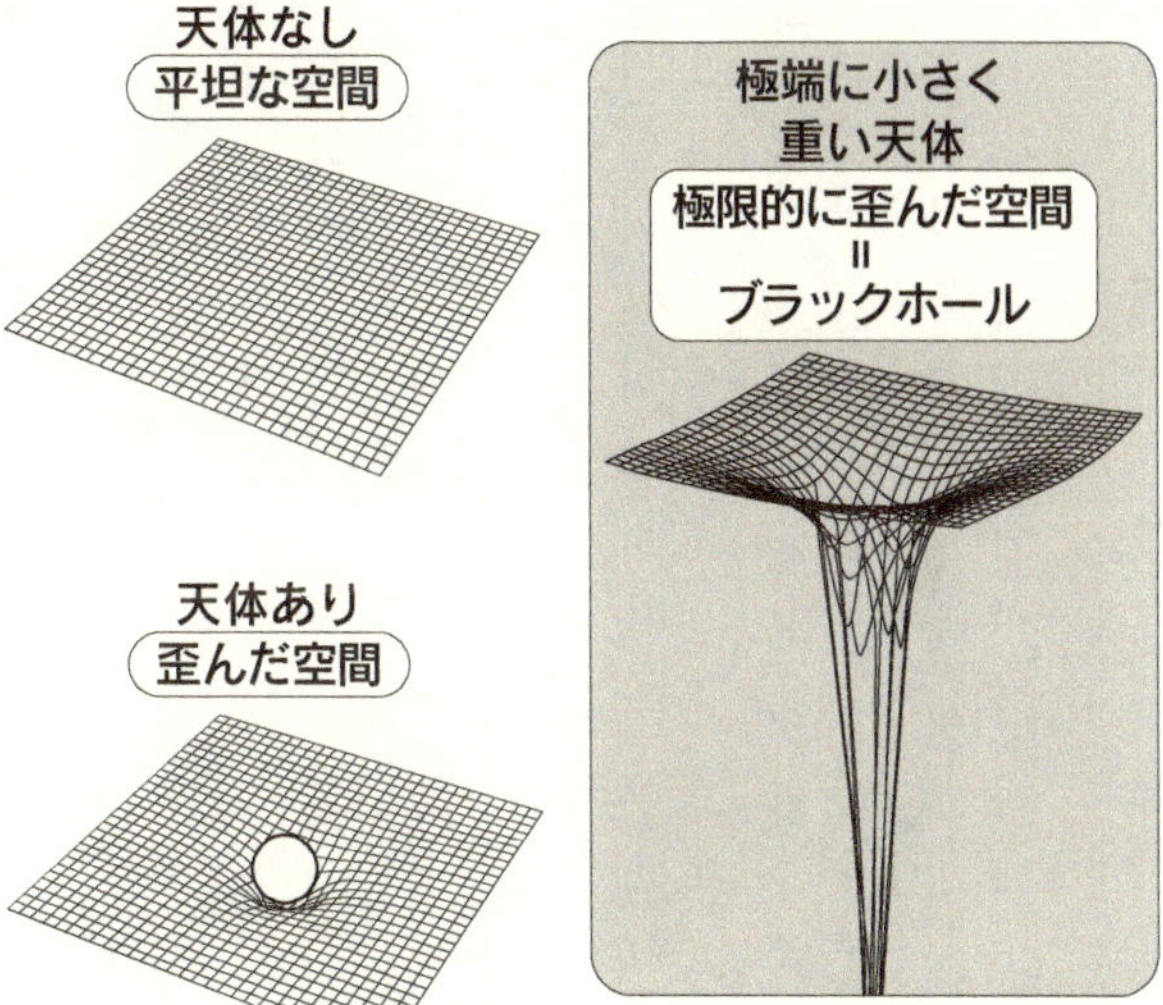


図２―８　一般相対論によるブラックホールのイメージ

ほど小さな天体はありません。前章の最後に説明したように、たとえば太陽の10倍の質量を持っていてもそのサイズは30キロメートルしかありません。この非常にサイズが小さいという性質が、極限的に空間を歪めます。図２―８の右を見てください。裂けんばかりに空間が歪んでいる（膜が凹んでいる）様子を示しています。これが、一般相対論が描くブラックホールのイメージなのです。

この図をもう少しくわしく見てみましょう。中心に近づけば近づくほど凹み具合は深く、そして斜面は急勾配になっています。したがって、中心に近づくほどこの凹みから抜け出すのが難しいことになります。そしてある距離よりも中心に近づくと、あまりに勾配が急すぎて、宇宙最高速度の光さえも上ることができなくなってしまうのです。この半径がシュヴァルツシルト半径です。第1章でも述べたように、一般相対論を用いて導出されたシュヴァルツシルト半径は、ニュートン重力（つまり脱出速度の論理）で導出した結果と一致します。

ただし、ここで強く注意しておきますが、シュヴァルツシルト半径より内側で発射された光は、途中まで斜面を駆け上がってきて最終的に中心に落下するのではありません。あまりに急勾配なため、外向き（斜面の上向き）に光を発射しようとしても、発射した瞬間に内向き（斜面の下向き）に進むことになってしまうのです。シュヴァルツシルト半径より内側では、物質も光もいっさい、外向きに進むことができないのです。

この章の冒頭で、ミッチェルやラプラスのブラックホールは真に暗黒ではないと説明しました。シュヴァルツシルト半径より内側から発射された光は、最終的に落下するにしてもある程度までは外向きに進めるからです。しかし、一般相対論の場合、シュヴァルツシルト半径より内側ではいっさい外向きに進むことが許されないため、決して光が漏れてくることはありません。シュヴァルツシルトが発見した一般相対論のブラックホールは、真に暗黒なブラックホールなのです。

戦線を離れることのできないシュヴァルツシルトは、発見したブラックホール解をアインシュタインに手紙で送ります。１９１６年、アインシュタインは二度にわたりシュヴァルツシルトの研究成果を代理で発表しました。実はアインシュタイン自身はブラックホールという奇妙な天体が実際に宇宙に存在することを信じてはいなかったのですが、自分の一般相対論に興味を持ち、一つの解を示してくれたシュヴァルツシルトの成果を喜んだそうです。しかし、喜びもつかの間のことでした。アインシュタインはこの年、シュヴァルツシルトの追悼文を読み上げることになります。シュヴァルツシルトは戦線で病没したのでした。ブラックホール解は、シュヴァルツシルトの遺言のように思えてなりません。

## 重力赤方偏移と時間の遅れ

本章の最後に、43ページでふれた重力赤方偏移について説明します。

重力赤方偏移とは、重力の強い天体の表面で放射された光の波長が、長くなって観測されるというもので、アインシュタインの一般相対論が予言する不思議な現象の一つです。

一般相対論は水星の近日点移動をみごとに説明し、また、予言した光の曲がりはエディントンによって証明されました。それにもかかわらず一般相対論を認めるか否かで学会が紛糾したのは、この重力赤方偏移が未検出だったからです。ここでは二つの方法で重力赤方偏移を説明してみます。

最初は最も簡単な方法です。すでに説明したように、天体の周りの空間は歪んでいます。ゴム膜の例を用いれば、天体の周りではゴム膜が凹んでいることになります（33ページの図2―3）。ここで天体付近のゴム膜の凹んでいる地点から、遠方の平坦な地点へ向かって、ボールを転がすことを想像してください。ボールは、最初は勢いよく転がっていきますが、斜面を登るにしたがってスピードが遅くなってきます。これはボールの運動エネルギーが減少したためです（減った分は位置エネルギーになります）。

次にこのボールを、光に置き換えてみます。ボールと同様、光もゴム膜の斜面を登るにしたがってエネルギーを失います。ただし、ボールと違って速度は失いません。光の速度は秒速約30万キロメートルと決まっているからです。光の場合は速度を失う代わりに、波長が長くなるのです。光の波長はエネルギーと関係していて（反比例の関係）、波長の長い光は波長の短い光よりエネルギーが低いからです。たとえばブラックホールの表面付近で放射された青い光（波長が短い）は、遠方の観測者に届くまでに波長が伸び、赤い光（波長が長い）として観測されます。以上が最も簡単な重力赤方偏移の説明です。

もう一つの説明では、「時間の遅れ」を使います。ニュートン力学が時間を絶対的なもの、つまり、宇宙のどこでも時間は等しく流れるものと仮定していたのに対し、一般相対論では空間ばかりか時間さえも、絶対ではないと考えます。そこで、まずは一般相対論の驚くべき予言の一つである時間の遅れを理解するところからはじめましょう。

一般相対論の教えにしたがうと、空間の大きく歪んでいるところ（重力の強いところ）、つまり天体の表面付近では、時間が遅れることになります。遠方から観測すると、天体表面付近の現象がすべてスローモーションのように見えることになるのです。一般相対論が予言する空間の歪みと時間の遅れ（時間の歪み）をまとめて「時空の歪み」と表現します。天体の周囲では時空（空間だけでなく時間も）が歪むと考えるのが、より正確な一般相対論の理解なのです。時間の歪みを図示するのは難しいですが、大雑把でもイメージしたい方は、いままで使ってきたゴム膜を利用してください。空間の歪みの大きいところでより時間が遅れるということは、ゴム膜の凹み具合が空間と同様に時間の歪みをも表していると理解できるからです。ただし本書は「空間の歪み」と「時空の歪み」をあえて区別しなくても理解できますのでご安心ください。

アインシュタインやエディントンの時代に時間の遅れを検出するのは不可能でしたが、いまでは実際に確認されています。その例として、いまでは日常的に利用されているカーナビがあります。カーナビは、複数のGPS衛星からの時間情報を受け取って、車の位置を決定する装置です。衛星から送られてきた時刻情報と、車が搭載している時計との時刻差から、車と衛星間の距離（光速×時刻差＝距離）を算出します。複数の衛星との距離を算出することで、車の現在位置を割り出すのです。このとき、一般相対論の予言する時間の遅れを考慮しないと、大間違いを犯

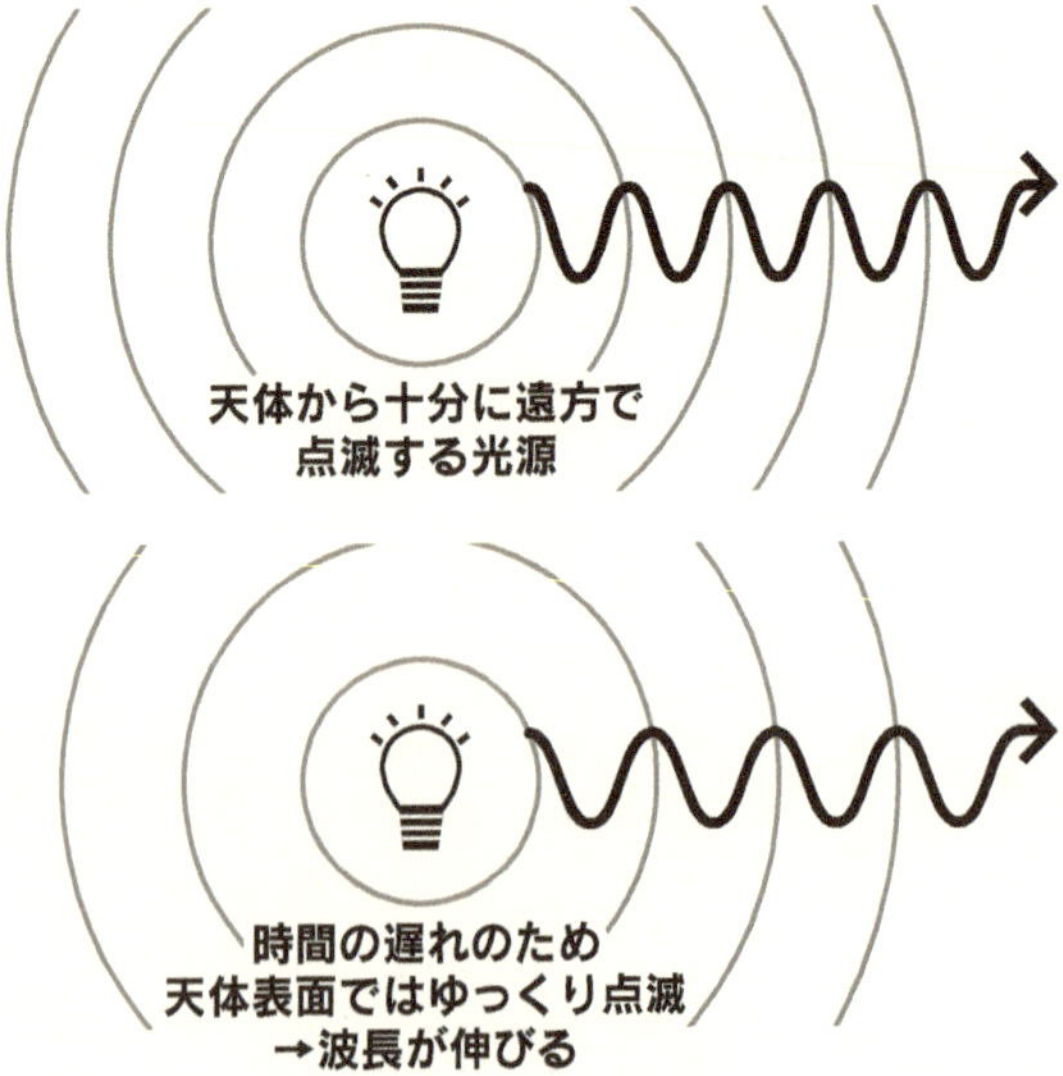
天体から十分に遠方で
点滅する光源
時間の遅れのため
天体表面ではゆっくり点滅
→波長が伸びる

図2―9　重力赤方偏移

してしまいます。宇宙空間と（重力の強い）地表の時間のずれを補正するため、GPS衛星の時計は少しゆっくり進むように調整してあるのです。一般相対論が日常生活に役立つことになるとは、アインシュタインでさえも想像していなかったことでしょう。

では、重力赤方偏移の説明に戻ります。話を簡単にするため、一定の間隔で点滅する光源を考えます。図2―9の上を見てください。光源がピカッと輝くたびに光のパルスが広がっていきます。もちろん広がる速度は光速です。では、この光源を天体表面に設置するとどうなるでしょうか。遠方から観測すると重力の影響でスローモーションに見えるので、光源はゆっくりと点滅することになります（図2—9下）。すると、パルスとパルスの間隔が広がることになります。実はこのパルスとパルスの間隔が、光の波長に対応しています。つまり、天体表面で放射された光の波長は、長くなって観測されるのです。

これが時間の遅れを使った重力赤方偏移の説明です。ご理解いただけたでしょうか。ここでは点滅する光源を使って解説しましたが、定常的に輝き続ける光源であっても、波長は伸びます。

ブラックホールは最も激しく空間と時間を歪ませる天体です。ブラックホール表面付近での現象は、スローモーションどころかコマ送りのようにゆっくり見えることになります。そして激しい重力赤方偏移が起こり、光の波長は無限に長くなってしまうのです。

## BLACKHOLE 2　この章のまとめ

アインシュタインの一般相対論は物体の周囲の空間が歪むことを予言します。そして、この空間の歪みで重力を説明するのです。これは、ニュートン重力とは根本的に異なる理論です。一般相対論はニュートン重力に勝利しました。ニュートン重力では不可能であった水星の近日点移動をみごとに説明したうえ、エディントンによる日食の観測で、一般相対論が予言する光の曲がりが証明されたのです。

シュヴァルツシルトはこの一般相対論をいち早く解いて、ブラックホール解を見つけました。

一般相対論に従えば、極端に小さく重い天体はブラックホールになってしまいます。そこでは極限的に空間が歪んでいて、光が漏れ出すことは決してありません。一般相対論が予言するブラックホールは、真の暗黒天体なのです。

# 第3章
# 大論争! ブラックホールは実在するか?

天文学では多くの場合、観測によって新種の天体が発見され、理論的にその正体が解明されるという順番で研究が進みます。しかし、ブラックホールは理論的に予言されるのが先となりました。理論が先行した珍しい例といえるでしょう。(本文より)

第1章ではニュートン重力に基づいてブラックホールを説明しました。地球や太陽を例にとり、シュヴァルツシルト半径より小さく押しつぶすことでブラックホールができることを示しました。また第2章では、アインシュタインの一般相対論をいち早く解いたシュヴァルツシルトが、ブラックホール解を発見したことを述べました。極端に小さく重い天体がブラックホールになってしまうという結果は、一般相対論を用いても変わらなかったのです（というわけですので第2章を流し読みした方もご安心ください）。

しかし、一般相対論を解いた結果としてブラックホール解が現れたと言っても、それはあくまで理論上の話です。数学的に存在することと、この宇宙に実際に存在することはまったく別の話です。

はたしてこの宇宙にブラックホールは実在するか？　一般相対論の登場を皮切りに、科学者たちの間で議論に火がつきます。それは長い論争の幕開けでした。この章では、ブラックホールにまつわる論争を振り返りつつ、実際にブラックホールが誕生するメカニズムを説明します。

ここで断っておきますが、この論争を理解するには一般相対論と並ぶ現代物理学のもう一本の柱、量子力学が必要です。ブラックホールは現代物理学の申し子ともいえる天体なので、これは致し方ないことです。とはいっても難解な量子力学を理解することは本書の範疇《はんちゅう》を超えますし、かえって本書の目的であるブラックホールの理解の妨げとなっては困りますので、最小限の知識を、しかも厳密さはある程度犠牲にして説明していることをご了承ください。

## ガスの圧力で支えられる恒星

結論から先に述べると、ブラックホールは重い恒星がその一生を終えたときに形成されます。しかしながら、その結論にたどり着くまでには数十年にわたる論争が必要でした。

一般相対論が証明された頃の星の進化理論によると、恒星が進化の果てに行きつく先は白色矮星と考えられていました。ブラックホールができるとは考えられていなかったのです。白色矮星という天体をご存じない読者も多いと思いますので、まずは恒星と白色矮星について説明しましょう。

恒星とは、太陽のように自ら光り輝く星のことをいいます。金星や木星といった惑星や、月が光って見えるのは太陽の光を反射しているだけなので恒星とはいいません。惑星を除くと、夜空に輝く星はほとんどが恒星です。

さて、この恒星はどのようにしてその構造を維持しているのでしょうか。

恒星は主に水素やヘリウムからなるガスの集まりです。宇宙空間を漂うガスが重力によって引き合い、集まります。十分な量のガスが集まると、中心部の温度が上がり、核反応が始まります。こうしてガスの塊は輝きはじめます。恒星の誕生です。恒星になっても重力は依然として働いています。重力は恒星が縮むように、つまり恒星の半径が小さくなるように働きます。恒星をつぶそうとするこの重力に反発する働きをするのが、ガスの圧力です。恒星の中心部で起こっている核反応では、膨大なエネルギーが発生します。このため恒星を構成するガスが温められ、圧力が上昇するのです。この圧力は広がろうとする働き、つまり、恒星の半径を大きくしようとする働きをします。星自身の重力と、ガスの圧力が釣り合うことによって、恒星の大きさは一定に保たれているのです。

もう少し簡単な例で理解したい方は、膨らんだゴム風船を思い浮かべてください。風船はゴムの力で縮もうとしますが、風船の中の空気の圧力が反発します。その結果、風船は二つの力がちょうど拮抗する大きさになるのです。縮もうとする力が重力、反発して膨らまそうとする力がガスの圧力に対応しています。

## 電子の縮退圧で支えられる白色矮星

白色矮星とは、死んだ恒星の残骸です。白色矮星を理解するのは少々難しい物理を理解しなければなりません。量子力学が登場するからです。しかし、ここでも簡単なイメージで説明しますので安心して読み進めてください。

前述した恒星内部の核反応は、永久に続くわけではありません。燃料に限りがあるからです。

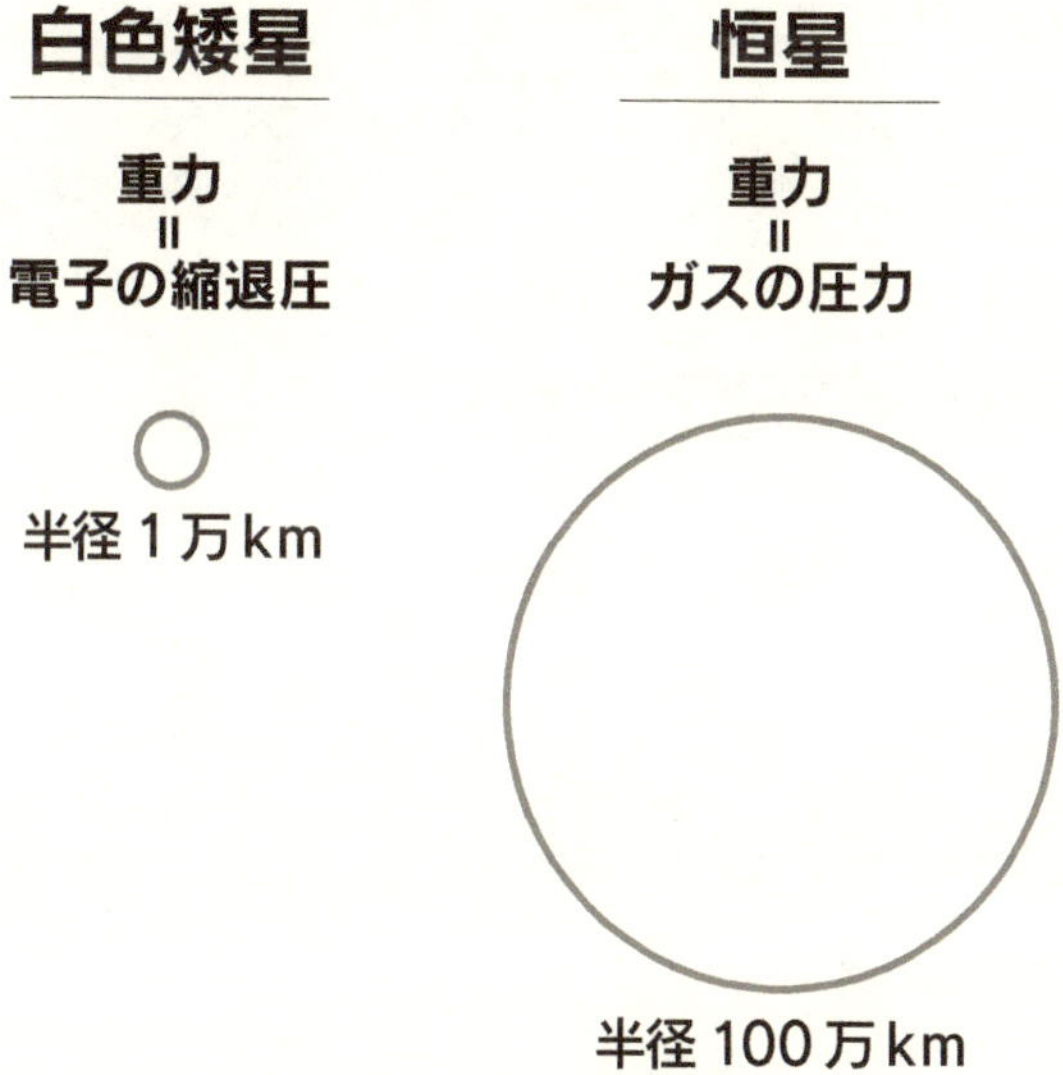


図３―１　恒星と白色矮星

燃料を使い果たした恒星ではガスの圧力が効かなくなります。重力は依然として働いているのですから、星は収縮を始めます。どんどん縮んでいって、半径が約１万キロメートルまで小さくなったあたりで、電子の「縮退圧」という新たな力が働き、重力による収縮が止まります。この縮退圧によって支えられた星が白色矮星です。

通常の恒星は、大小さまざまですが１００万キロメートル程度、もしくはそれ以上の大きさ（半径）を持っています。それに対して白色矮星の大きさはたかだか１万キロメートルです。とても小さな、恒星の残骸なのです（図３―１）。

それではこの電子の縮退圧とは何なの

## 縮退圧

一般相対論と並ぶ
現代物理学のもう一つの柱、
量子力学によって解明された圧力

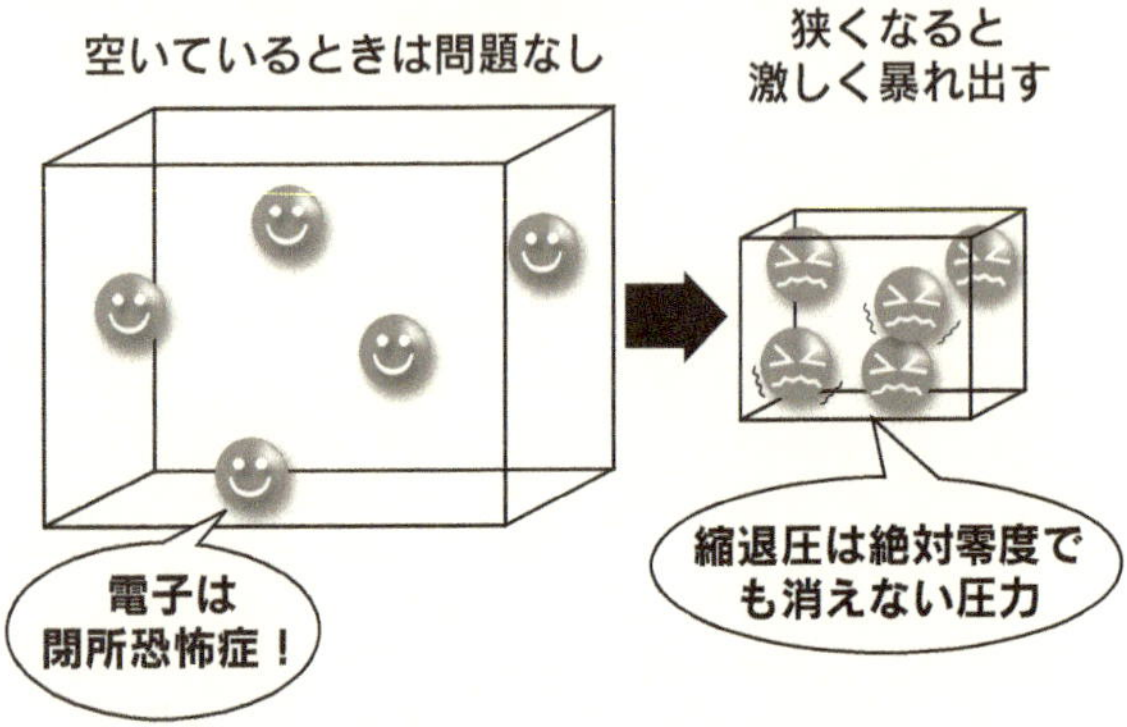
空いているときは問題なし
狭くなると
激しく暴れ出す
電子は
閉所恐怖症！
縮退圧は絶対零度で
も消えない圧力

図3―2　おおざっぱな電子の縮退圧の説明その1

か、厳密さには目をつぶって非常に簡単に説明します。二通りの説明を準備しましたので、イメージだけで理解したい方は最初の説明だけ読んで、二つ目の説明は読み飛ばしていただいて結構です。

　量子力学が教えるところの電子の性質は、閉所恐怖症とも言えます。図3―2を見てください。空間が広々と空いているときは、電子はご機嫌です。ところが、狭いところにぎゅうぎゅうに押し込まれると、広がろう広がろうとして激しく暴れるのです。この電子の行動が生む圧力が縮退圧に対応すると思ってください。燃料が切れる前の恒星のように大きく広がった状態では、電子は何の問題もなくご機嫌にふるまっています。しか

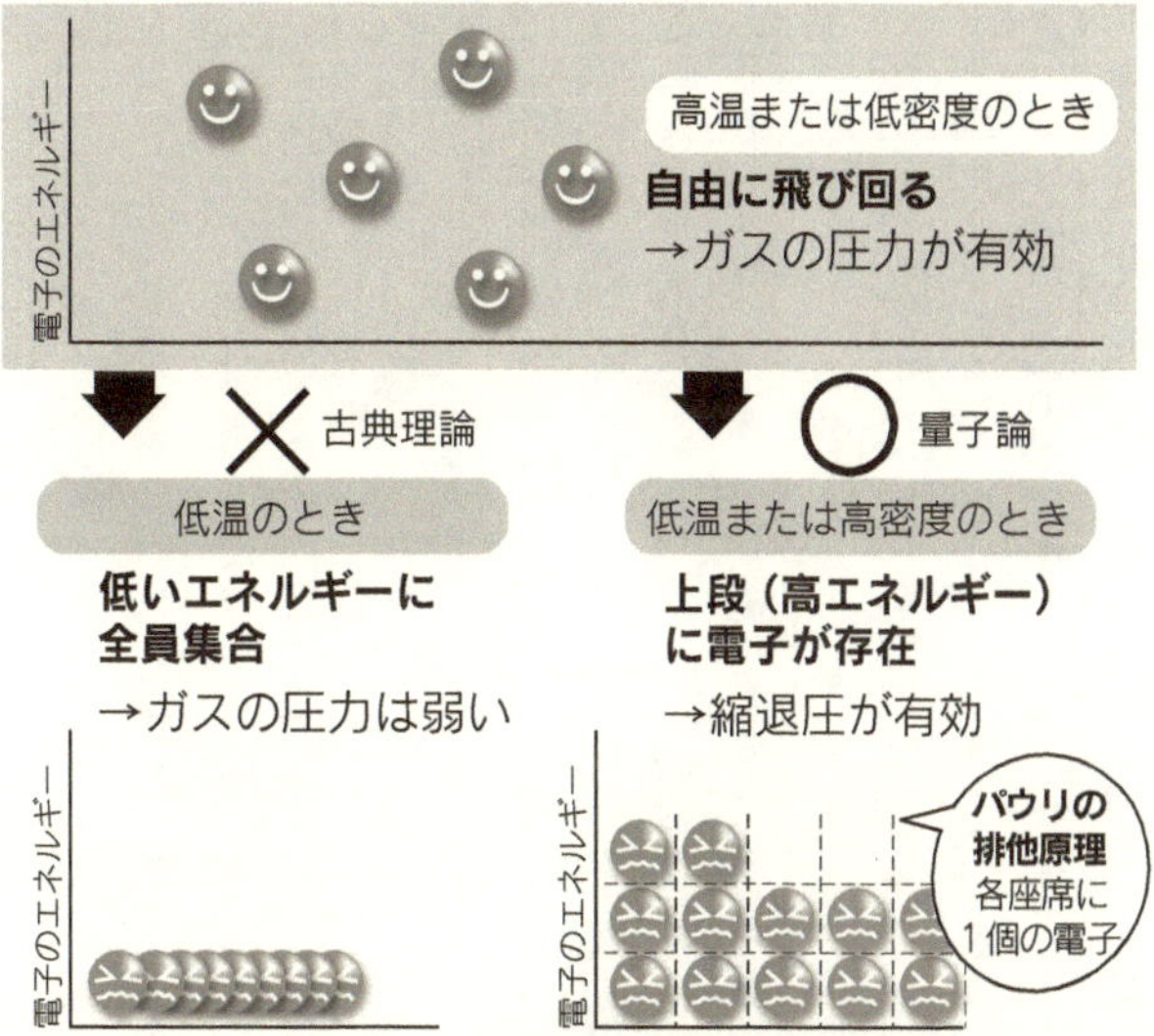
電子のエネルギー
高温または低密度のとき
自由に飛び回る
→ガスの圧力が有効
古典理論
量子論
低温のとき
低いエネルギーに
全員集合
→ガスの圧力は弱い
低温または高密度のとき
上段（高エネルギー）
に電子が存在
→縮退圧が有効
電子のエネルギー
電子のエネルギー
パウリの
排他原理
各座席に
１個の電子

図３―３　おおざっぱな電子の縮退圧の説明その２

し、星がどんどん収縮し、約1万キロメートルまで縮むと、狭さに耐えられず広がろうとします。そこから生じる縮退圧が、重力と釣り合った状態の星、これが白色矮星となるのです。重力とガスの圧力が釣り合っているのが恒星、重力と電子の縮退圧が釣り合っているのが白色矮星というわけです。

しつこいようですが、これは縮退圧の厳密な説明ではありません。あくまでイメージしやすいことを優先させていただきました。

次は、少しだけ理屈をまじえた電子の縮退圧の説明です。

温度が高い状態では、電子は自由に飛び回っています。図３―３の上の状態です。では温度をどんどん下げていくとどうなるでしょう。量子論を使わないで考えると話は簡単で、すべての電子がエネルギーの低い状態に集まってきます。図3—3の左下の状態です。エネルギーを失った電子の圧力は非常に小さく、星を支えることはできません。

ところが、量子論の教える結果は違います。一つの椅子《いす》には一人の人間しか座ることができないように、二つの電子が同じ状態になることを禁じているのです（これを「パウリの排他原理」といいます）。つまり、図3—3の左下のように多数の電子が同じ場所に集まることは許されません。右下の状態のように、一つの電子が一つの席を占有すると、他の電子は他の席に座るしかないのです。エネルギーの低い電子はなるだけ下段の椅子に座ろうとしますが、1段目が満席になるとしかたなく2段目の椅子に座ることになります。2段目が埋まると3段目、3段目が埋まると4段目というように、たとえ低温でエネルギーが低い状態であってもすべての電子が下段にいることは許されません。椅子を取り遅れた電子はどんどん上段に座ることになってしまうのです。

上段にいる電子は下段にいる電子よりエネルギーが高く、力を働かせることができます。どんなに温度が低くとも、広がろうとする力が働くのです。電子の椅子取り合戦がもとになって働く力、これが電子の縮退圧なのです。

ここでは電子の温度が低い場合についての縮退圧を説明しましたが、縮退圧は電子の密度が高

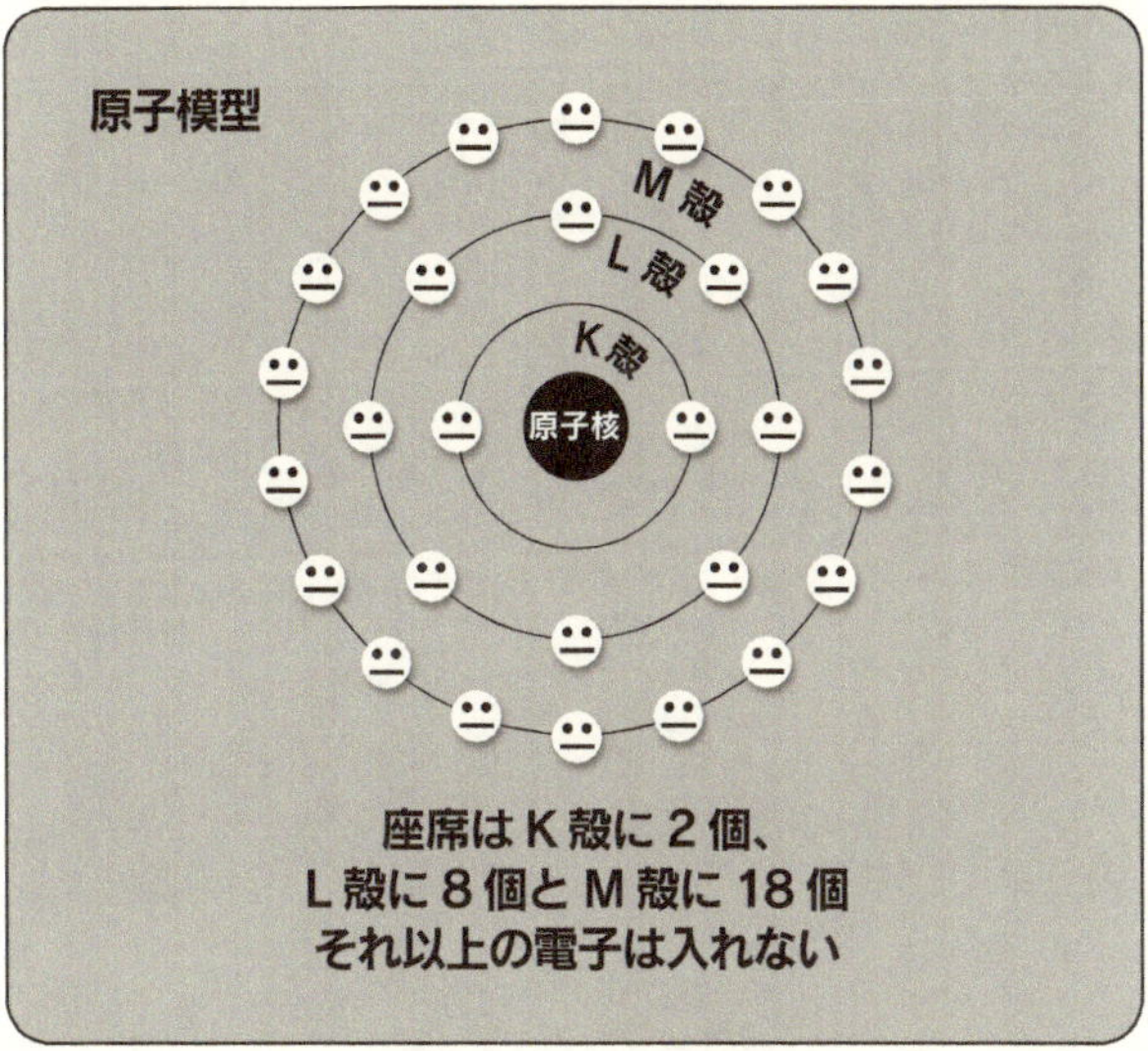
原子模型
M殻
L殻
K殻
原子核
座席はK殻に２個、
L殻に８個とM殻に18個
それ以上の電子は入れない

図３－４　原子の構造

い場合も有効になります。

電子の密度が「低い」状態というのは、電子の数に対して「椅子の数が十分に多い」状態に対応します。たとえば１００個の椅子がある講義室に10人の学生が座る場合を想像してください。椅子取り合戦は発生しません。前でも後ろでも、好きな場所に座ることができます。

しかし、密度が上がってくると、電子の椅子取り合戦が始まります。１００個の椅子がある講義室に80人、90人と学生が集まってくると、いちばん後ろの席に座って居眠りしたいと思っていたとしても、その席はすでに取られている可能性が高くなります。そのときは前方の席に座って、真面目に講義を聞くしかありません。電子の椅子取り合戦もこれと同じです。下段が埋まってしまったら、上段に座ることになります。上段に座った電子はエネルギーの高い状態であり、縮退圧を働かせることになるのです。

実際の白色矮星の中はさほど低温ではないのですが、高密度状態によって生じる電子の縮退圧が働くことで、重力による収縮を止めているのです。

電子の椅子取り合戦は、正式には量子力学で習うことなので、大学で理科系に属していた読者以外は聞いたことがないかもしれません。しかし、ほんの少しなら中学や高校の理科でも習っているはずです。

図3―4を見てください。みなさん、どこかで見たことがあるのではないでしょうか。原子の模型図です。原子の中心には原子核があり、その周りに電子が存在すると習ったことを思い出してください。そのとき、K殻には2個、L殻には8個、M殻には18個の電子しか入ることができないと習ったと思います。これも電子の椅子取り合戦の一例です。K殻には2個、L殻には8個、M殻には18個しか椅子がないのと同じですから、最初の2個の電子がK殻に入ると、次の電子はL殻に入るしかありません。あとからやってきた電子は、こうしてよりエネルギーの高いL殻やM殻に座ることになるのです。

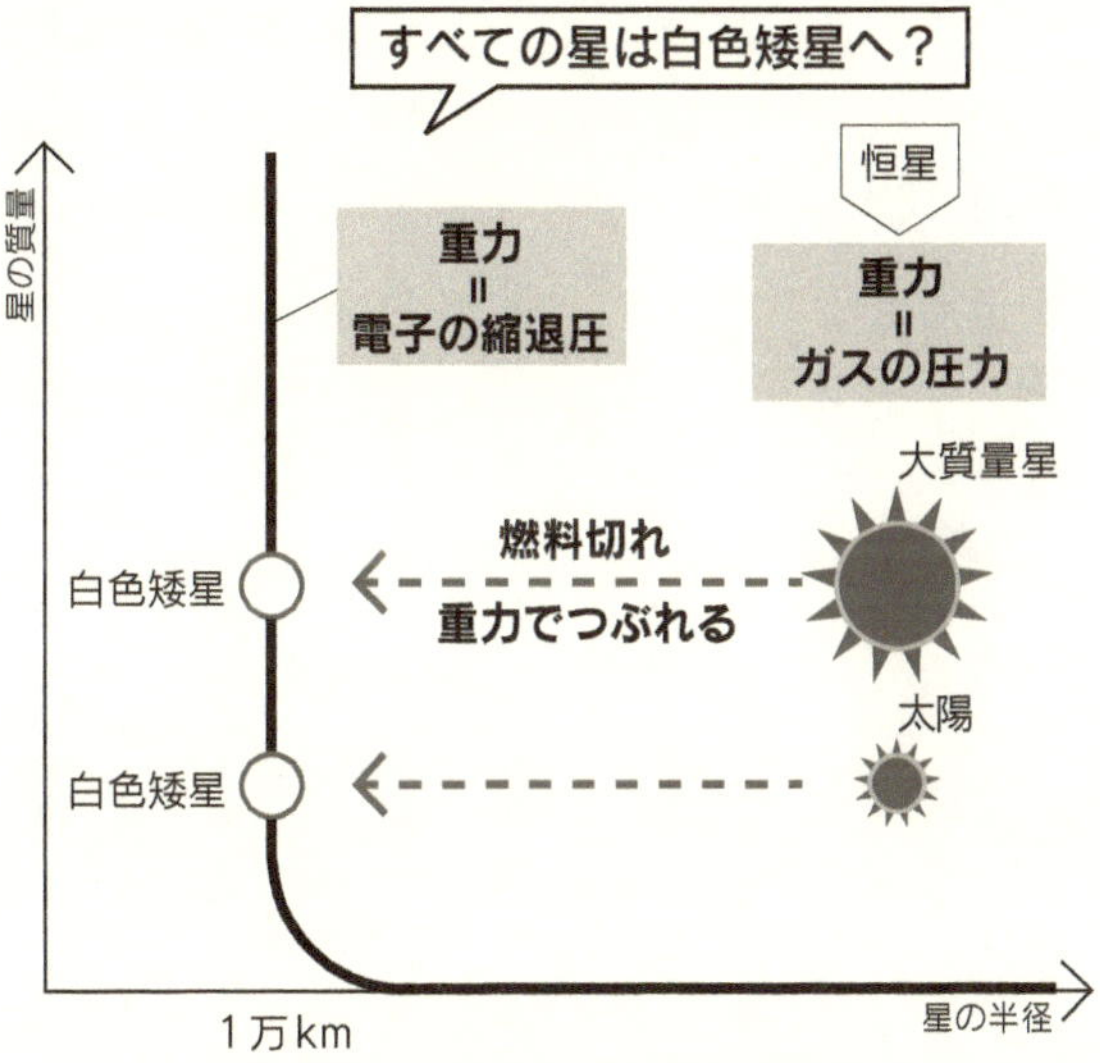


図3—5　1920年代の星の進化理論

## 恒星の最期は白色矮星

縮退圧の説明はこのくらいにして、恒星の進化に話を戻しましょう。

１９２０年代の恒星の進化理論を簡潔に示したのが図３—５です。図の横軸は星の半径で、縦軸は星の質量です。太陽程度の質量を持つ星と、太陽よりも十分に質量の大きな星の進化を考えます。

さて、恒星が燃料を使い果たすと、星を支えるガスの圧力が効かなくなります。星は自身の重力でどんどん収縮します。収縮するということは図では右側の星が左に移動することになります。星の質量は変わらないのに、半径だけが小さくなるからです。

図の実線は、さきほど説明した電子の縮退圧と重力が釣り合う線です。どんどん左に移動、つまりどんどん収縮した星は、半径が約1万キロメートルになったあたりで実線にぶつかって止まります。電子の縮退圧によって支えられた白色矮星になるのです。この図は、重い星も軽い星も、最期は白色矮星になることを意味しています。これが１９２０年代に信じられていた恒星の進化論です。

## チャンドラセカールとエディントンの師弟対決

チャンドラセカールはインド生まれの天才天文学者です。ＮＡＳＡが打ち上げた観測衛星チャンドラは、彼の名前をとったものです。チャンドラセカールは19歳の若さで大学を卒業すると、イギリスのケンブリッジ大学の大学院に留学することになりました。ケンブリッジ大学には、偉大な天文学者エディントンや白色矮星の専門家ファウラーがいて、彼の指導教員はファウラーでした。エディントンの名前は覚えているでしょうか？　第２章で一般相対論を証明した、あのエディントンです。

チャンドラセカールはイギリスに向かう船の上で、恒星の末路、白色矮星のことを考えていました。そして偉大な発見を成し遂げたのです。それは「白色矮星の質量には上限がある」というものでした。これは、重い星の最期が白色矮星ではなくブラックホールである、つまり現実の宇宙でブラックホールが生まれるという、重大な予言をする発見でした。

チャンドラセカールはこの発見を手土産にエディントンと会いました。しかし、エディントンはブラックホールのような奇妙な天体が実際の宇宙に存在するなどということを信じませんでした。ここからブラックホールをめぐる熾烈な師弟対決が始まったのです。

では、チャンドラセカールの発見についてもう少しくわしく説明しましょう。

チャンドラセカールの発見以前は、白色矮星の質量に上限があるとは考えられていませんでした。さきほど見た図３―５の実線がずっと上まで伸びていたのはこのためです。そして、この線が上まで伸びているからこそ、太陽程度の質量の星もずっと重い星も、同じく白色矮星になると考えられていたわけです。

チャンドラセカール

しかし、チャンドラセカールは電子の縮退圧を調べる際、量子力学だけでなく相対論の効果もちゃんと考慮する必要があることに気がつきました。図３―６を見てください。相対論も考慮に入れたチャンドラセカールの計算によると、重力と電子の縮退圧が釣り合う線は、従来の理論のように上に伸びる

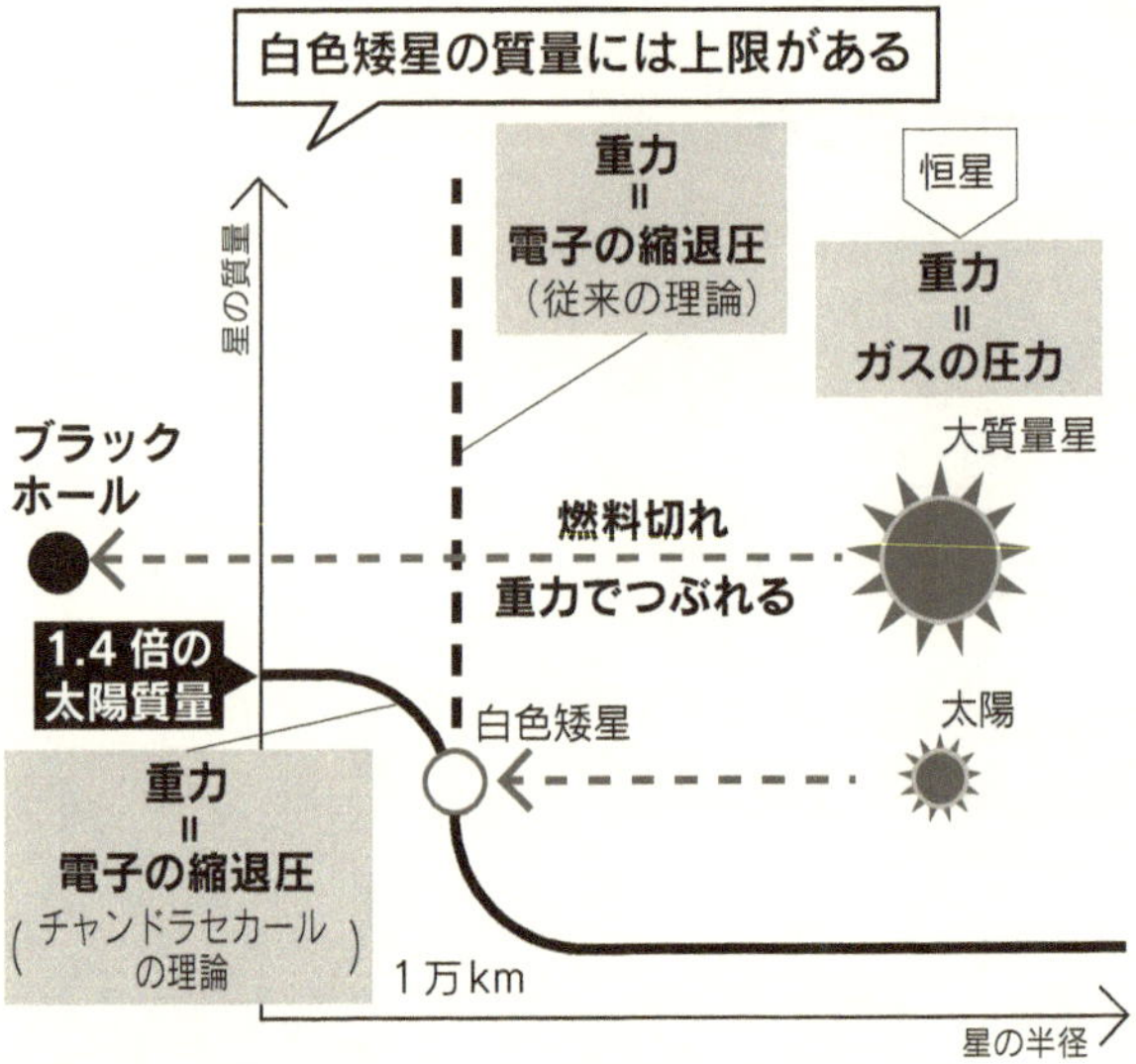


図3—6　チャンドラセカールの理論

（点線）のではなく、左に大きく曲がったのです（実線）。太陽質量の約1・4倍が白色矮星の最大質量となりました。これをチャンドラセカール質量と呼びます。チャンドラセカールの理論が正しければ、電子の縮退圧ではチャンドラセカール質量より大きな質量を支えることができないのです。

では、このチャンドラセカールの理論をもとに、図3—6を使って星の進化を考え直してみましょう。太陽質量程度の恒星は、これまでの理論通り白色矮星になります。この結果は変わりません。チャンドラセカール質量より質量が小さいからです。ところが、質量の大きな星の最期はまったく異なります。核反応の燃料がなくなり、1万キロメートルまで縮んだとしても、電子の縮退圧は収縮を止めてくれません。図3—6で重い星の進化を示す線が、実線と交わらないからです。

星を支える力、つまり重力に対抗できるだけの反発力がない重い恒星は、1万キロメートルになっても収縮が止まりません。無限に収縮し、ついにはシュヴァルツシルト半径より小さくなります。ブラックホールになるのです。このように、白色矮星の質量に上限があるというチャンドラセカールの理論は、重い星の末路がブラックホールであるということを暗に意味しているのです。

チャンドラセカールが相対論と量子論という現代物理学を駆使して白色矮星の上限質量を予言したのに対し、エディントンはとくに物理的根拠もなく反論しました。ブラックホールのような奇妙な天体が生まれるはずがない、ブラックホールの形成を妨げる何らかのメカニズムがこの宇宙にはあるはずだと信じていたのです。

物理的に考えればチャンドラセカールに分があるのですが、その理論はなかなか受け入れられませんでした。エディントンはイギリスにおける天文学の大家だったからです。ある学会では、エディントンはわざとチャンドラセカールの講演の直後に自分の講演がくるようにプログラムを変更させ、直前に発表したチャンドラセカールの理論は間違いだと述べました。エディントンの権威が絶大であり、またブラックホールがあまりに常識破りの天体であったため、聴衆はエディントンの話のほうを受け入れたのです。

しかし、この師弟対決の結末は、やがて完全にチャンドラセカールの勝利に終わりました。ドイツやアメリカをはじめ、世界中でチャンドラセカールの理論の正しさが認められるようになっていったのです。

それにもかかわらず、エディントンは終生、ブラックホールの存在を認めなかったといわれています。また、チャンドラセカールのほうは激しい議論に疲れ、ブラックホールの研究からいったん身を引いてしまいました。のちにチャンドラセカールはノーベル賞を受賞しています。授賞理由は「星の進化、構造を知るうえで重要な物理的過程の研究」です。白色矮星やブラックホールと明記されていないのは、なんとなく曖昧《あいまい》に感じます。しかも、受賞（1983年）までにおよそ半世紀もかかっています。

さて、この論争の結果、白色矮星の質量には上限があり、チャンドラセカール質量より重い星は電子の縮退圧では支えられないことが明確になりました。しかし、このチャンドラセカールの勝利をもってブラックホールが誕生すると結論づけるのは、実は時期尚早でした。白色矮星のほかにもう一つ、中性子星という星にまつわる論争が起こったのです。

## ホイーラーとオッペンハイマーの論争

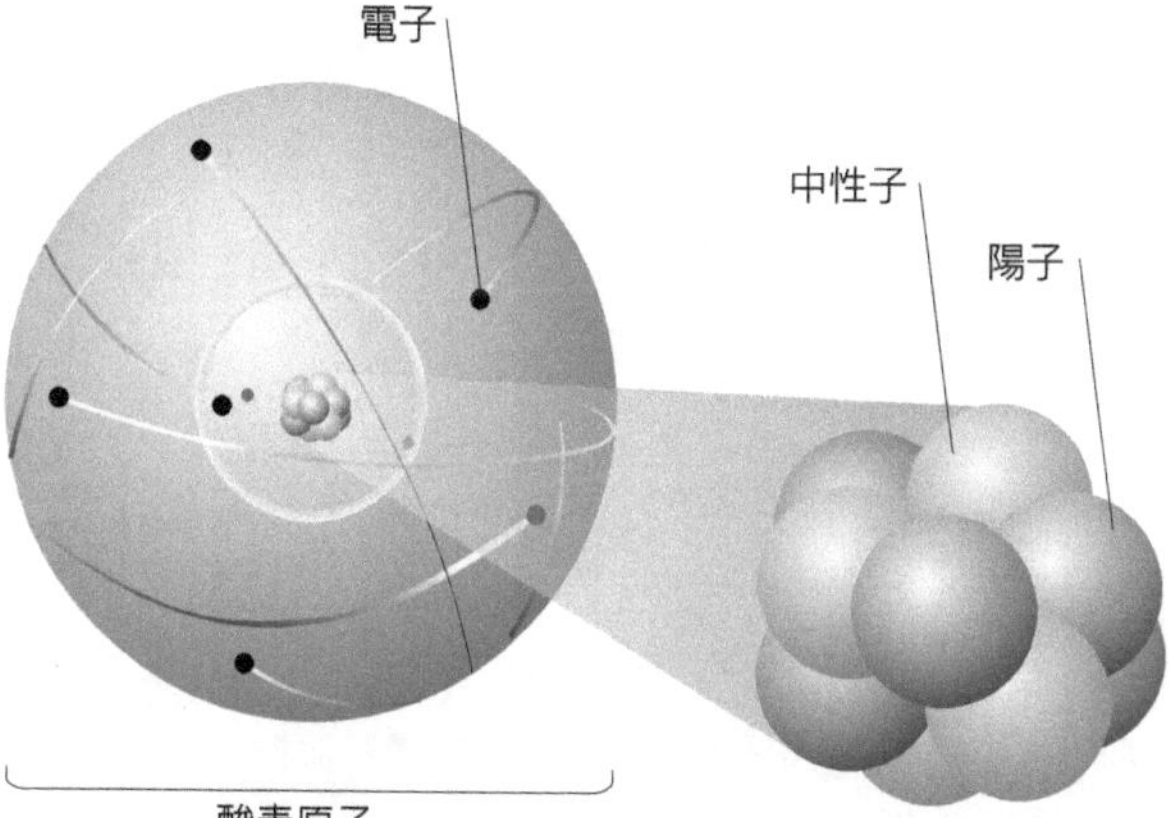


図３—７　酸素原子の構造

チャンドラセカールとエディントンが論争を繰り広げていた頃、原子核の分野で大きな成果がありました。中性子が発見されたのです（１９３２年）。当時、陽子と電子の存在は知られていましたが、中性子はまだ知られていませんでした。これが、重い恒星の最期がブラックホールか否かという論争の第二幕の幕開けでした。重い恒星の末路に、「中性子星」という新たな可能性が加わったからです。

図３—７は例として酸素原子の構造を示しています。酸素原子の中心には原子核があり、その外側に電子が存在します。この原子核が中性子と陽子から構成されていることがわかったのです。

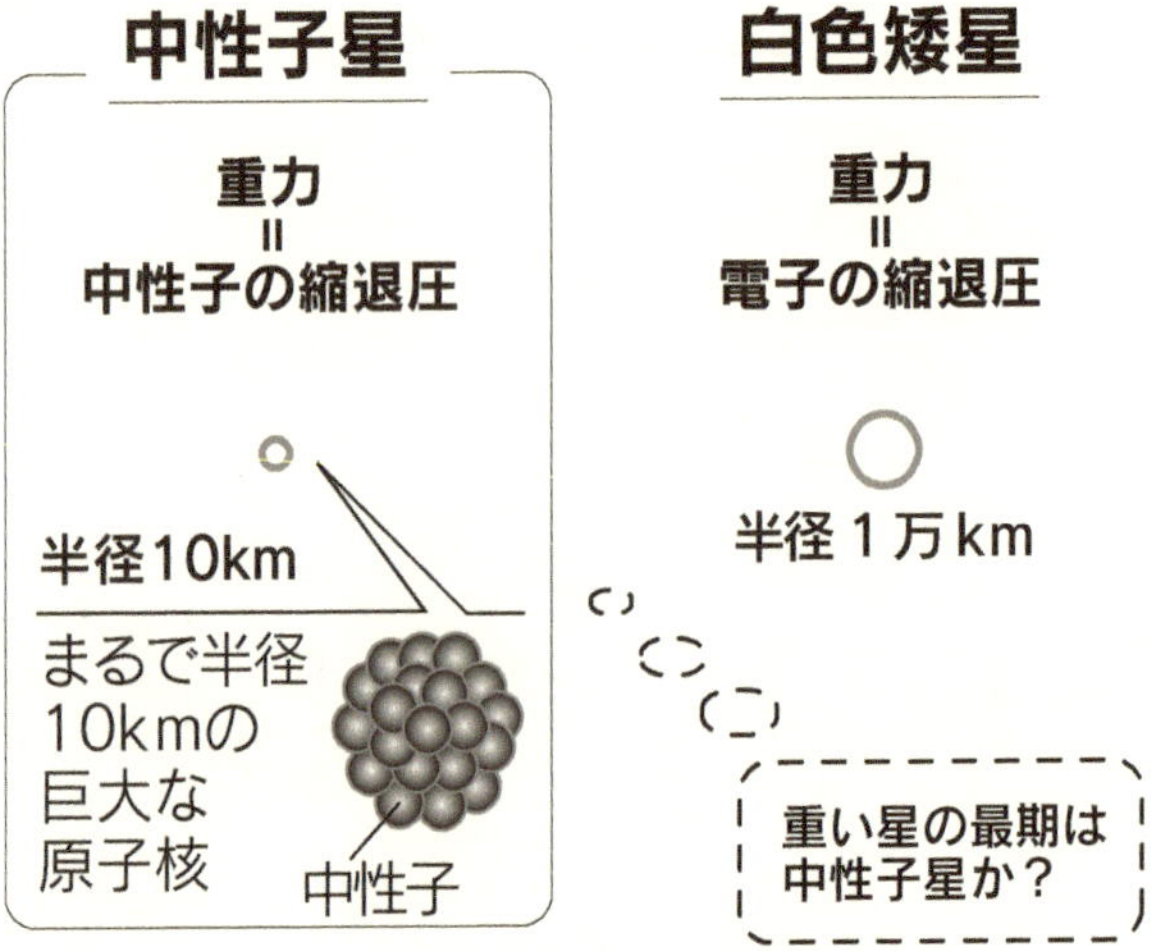


図3―8　中性子星と白色矮星

中性子が発見されるとすぐに、ツヴィッキーが新たな天体を提案します。中性子星です。中性子星とはほぼ中性子だけの星のことで、これを支えているのは中性子の縮退圧です。電子の縮退圧で支えられている星（白色矮星）があるなら、中性子の縮退圧で支えられている星があってもいいはずだというのが、ツヴィッキーの直感でした。半径は約10キロメートルと、白色矮星と比べてもさらに小さい天体です。「巨大な原子核」といわれたりするほどです（図3―8）。

さて、中性子星が登場すると、再びブラックホールが誕生するか否かという論争に火がつきます。重い星の最期はブラックホールではなく中性子星ではないか

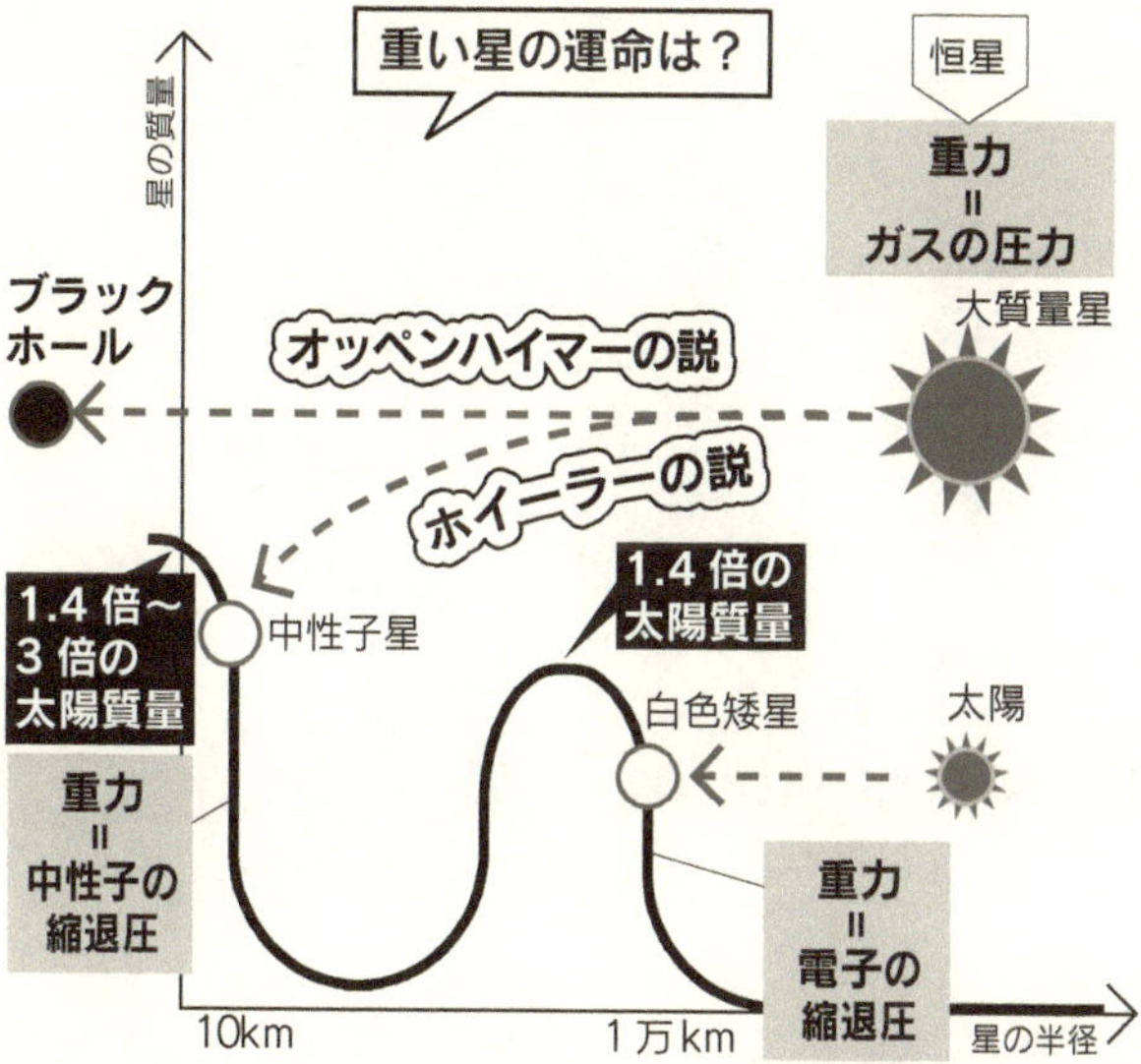


図３―９　オッペンハイマーとホイーラーの考える重い星の最期

という問題が浮上したのです。ブラックホールは「できる」という立場をとる科学者の代表格が、オッペンハイマーでした。原子核や中性子の専門家で、のちに〝原爆の父〟と呼ばれた、あのオッペンハイマーです。一方、ブラックホールは「できない」という考えを持つ科学者の代表は、ホイーラーでした。

オッペンハイマーとホイーラーの考えを簡単に理解するため、図３―９を見てください。この図も横軸は星の半径、縦軸は星の質量を表しています。68ページ図３―６を星の半径がより小さい領域まで拡張した図です。実線が重力と縮退圧が釣り合う点を表してい

ホイーラー

オッペンハイマー

ます。

実線をもう少し細かく説明すると、星の半径1万キロメートル付近では電子の縮退圧が重力と釣り合います。1万キロメートル付近にある1・4倍の太陽質量という山が、白色矮星の上限値、チャンドラセカール質量です。これはさきほど説明しました。星の大きさが1万キロメートルを大きく下回ると、電子の縮退圧が効果的でなくなります。実線がいったん下がるのはそのためです。重力に対抗できる力がなくなるわけです。しかし、10キロメートル付近で再び実線が上がります。ここでは、中性子の縮退圧が重力と釣り合うのです。つまり中性子星を表しています。

何度も繰り返していますが、燃料を使いきった星は重力で収縮します。図でいえば左に向かって進化します。太陽程度の質量の星は白色矮星になりますが、十分に重い星は白色矮星にはなれず、さらに収縮していきます。図のさらに左に進化するわけです。

では、このような重い星はみな、中性子星になるのでしょうか?

研究の結果、中性子星の質量にもやはり上限値があることがわかってきました。太陽質量の1・4倍から3倍という不定要素はあるものの「上限がある」という事実が重要です。中性子星の質量に上限があるからには、それより重い星はブラックホールになるというのがオッペンハイマーの理論でした。図3—9において、重い星はまっすぐ左に進化して、ブラックホールになってしまうというわけです。

一方、ホイーラーの考えは違いました。中性子星の質量に上限があるのは認めるが、ブラックホールはできないと主張したのです。重い星はその最期に大量の物質を放出して軽くなるはずだ、だからブラックホールにはならず、中性子星に落ち着くというわけです。星が収縮しつつも質量を失って軽くなるというのは、図3—9では左下に向かって進化することになります。

オッペンハイマーとホイーラーの論争は、結果から言うと引き分けでした。どちらも正しかったのです。重い星は、確かにその生涯において大量のガスを失い軽くなります。とくに最期の瞬間には「超新星爆発」と呼ばれる大爆発を起こして大半のガスを吹き飛ばします。この結果、中心部には中性子星が残される場合もあります。しかし、さらに重い星が超新星爆発を起こしたあ

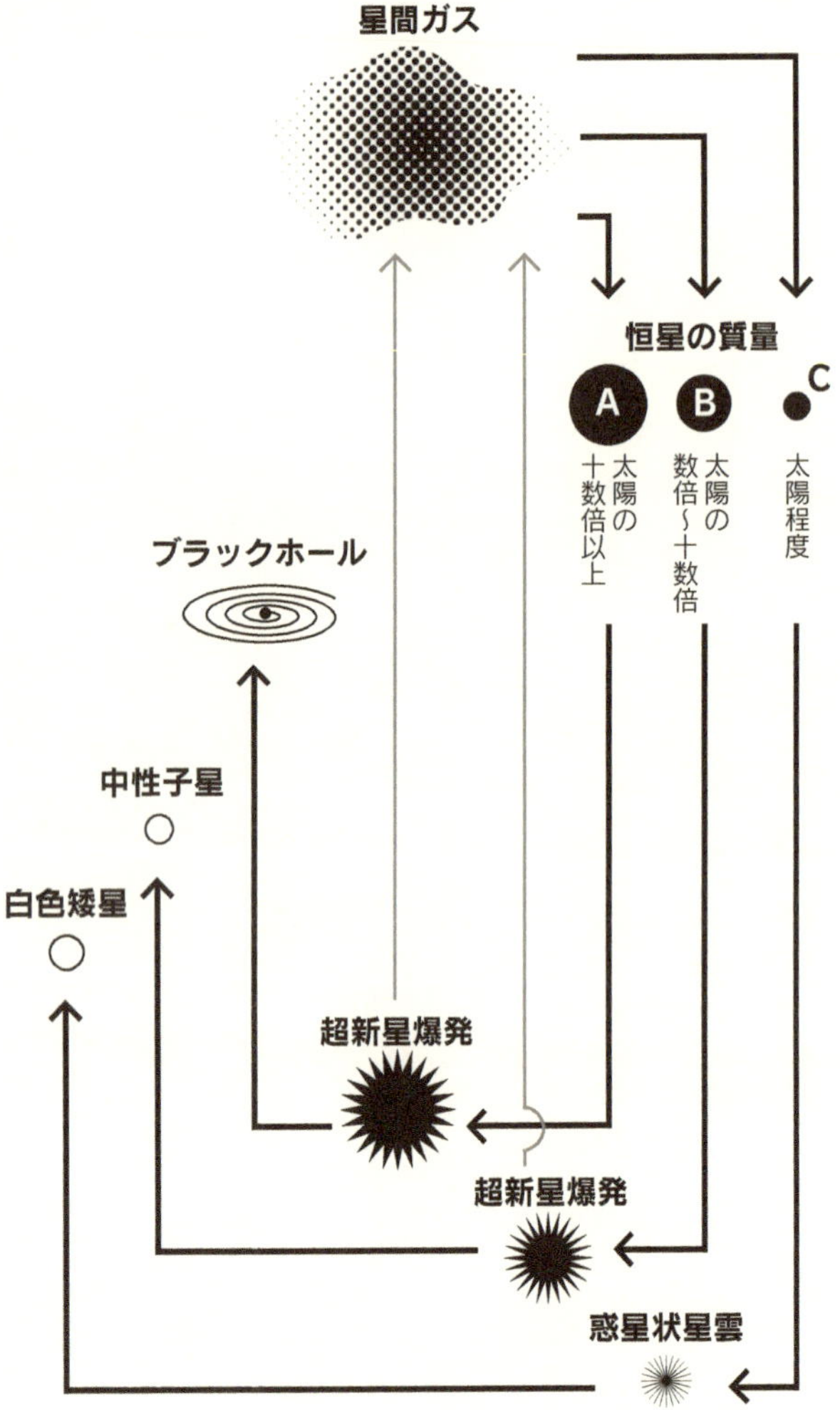
星間ガス
恒星の質量
A
B
C
太陽の十数倍以上
太陽の数倍〜十数倍
太陽程度
ブラックホール
中性子星
白色矮星
超新星爆発
超新星爆発
惑星状星雲

図3—10　星の進化

とに形成されるのは、やはりブラックホールなのです。

実は最終的にブラックホールが形成されることを示したのは、当初は反対派だったホイーラーでした。ホイーラーは途中で〝改宗〟して、ブラックホールはできると考えて研究を進めていったのです。「ブラックホール」という名前の名づけ親もホイーラーです。それまでは「爆縮星」や「凍結星」と呼ばれていましたが、あまりピンとくる名前ではありません。ホイーラーには研究の才能と命名のセンスがあったのです。

チャンドラセカールとエディントンの論争、そして、オッペンハイマーとホイーラーの研究によって、重い星がその生涯を終えるとき、ブラックホールが生まれることがこうして理論的に認められたのです。星の進化論をまとめると、質量の比較的小さい星（C）の最期は白色矮星、もう少し質量の大きい星（B）は中性子星、そしてさらに重い星（A）の末路はブラックホールということになりました（図３―10）。この結論はいまも変わっていません。

ちなみに天文学では多くの場合、観測によって新種の天体が発見され、理論的にその正体が解明されるという順番で研究が進みます。しかし、ブラックホールは理論的に予言されるのが先となりました。理論が先行した珍しい例といえるでしょう。

## ブラックホール候補天体の発見

激しい論争の末に理論的に認められたブラックホールですが、理論を実証するにはやはりブラックホールを発見する必要があります。X線天文学の発展により、ついにその候補天体が発見されます。それははくちょう座にあるX線源（X線を放射する点光源）で、「はくちょう座X－1」と呼ばれています。理論物理学の研究対象であったブラックホールが、いよいよ天文学の研究対象へと移行したのです。

ただし、実をいうと人類が最初に観測したブラックホール天体は「クェーサー」と呼ばれる天体（とその仲間）です。しかし、ブラックホールとは知らずに観測が続けられていました。クェーサーの話は次章で解説します。クェーサーのブラックホールは、ここまで説明してきた重い星の最期にできるブラックホールとはあまりにも性質が異なるからです。

さて、ブラックホールはそもそも暗黒天体であるために、その存在を検証するのは大変困難です。ここでは、いかにしてはくちょう座X－1にブラックホールが存在すると考えられるようになったのかを説明します。

はくちょう座X－1は、「はくちょう座の領域にある最初に発見されたX線源」ということでこの名前で呼ばれています。発見されたのは1962年です。その後の観測の結果、はくちょう座X－1には巨大な恒星が存在することがわかります。しかし、この恒星は単独で存在するのではなく、もう一つの天体とペアを作っていることがわかってきました（1971年）。恒星には強いX線を出す性質はありません。つまり、もう一つの〝謎の天体〟がX線を放射していると考えられます。恒星はこの謎の天体と重力で引き合い、互いの周りを回っていたのです。

謎の天体からのX線をくわしく観測してみると、なんと1000分の1秒という非常に短い時間間隔で変動していることがわかりました。これは謎の天体の半径が300キロメートル以下であることを意味しています（光の時間変動から天体の大きさを見積もる方法については次章で説明します）。謎の天体はきわめてコンパクトな天体だったのです。

また、謎の天体は質量が大きいこともわかりました。たとえば太陽系で太陽がほとんど動かないのは、その周りを回る惑星と比べて太陽が圧倒的に重いからです。はくちょう座X－1にある恒星は太陽の30倍程度の大きな質量を持っていますが、太陽のようにじっとしていません。これはペアを組む謎の天体が大きな質量を持っていることを意味しているのです。地球の軌道半径（太陽と地球の距離）と回転周期（1年）から太陽の質量を見積もることができるように、互いに重力で引き合っている天体の質量は、軌道半径と回転周期を観測することで調べることができます。くわしい観測の結果、謎の天体の質量は太陽の6倍から20倍であることがわかりました。これは先に述べた白色矮星や中性子星の上限質量を明らかに超えています。

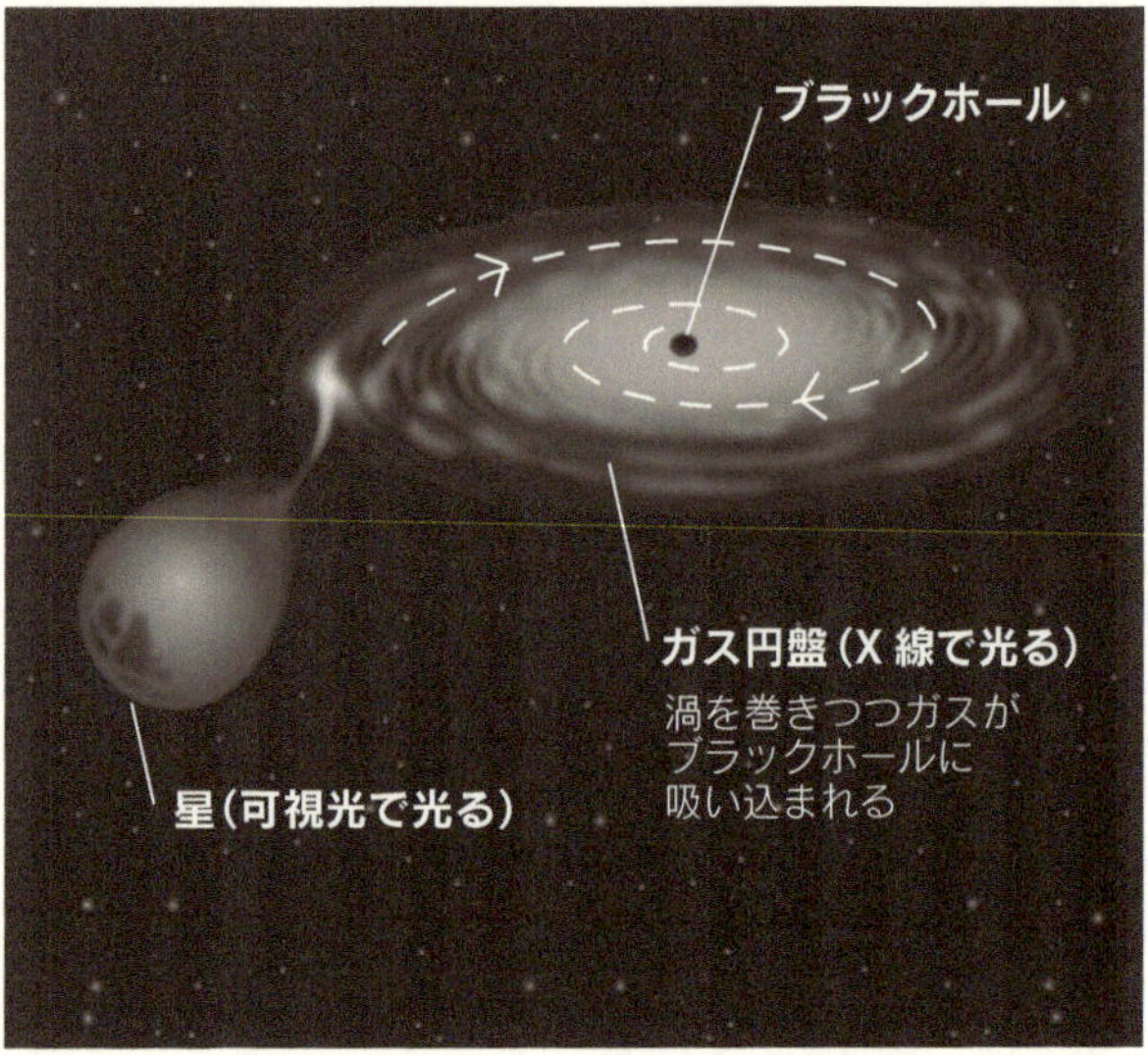

図3—11　はくちょう座X－1の想像図

きわめてコンパクトであり、かつ白色矮星や中性子星の上限を超える質量、これらの特徴をあわせ持つことから、謎の天体はブラックホールに違いないと考えられるようになったのです。こうして得られたはくちょう座X－1の想像図が、図3—11です。ブラックホールと恒星がペアになっている様子がわかります。この図をよく見るとブラックホールの周りにガスでできた円盤（ガス円盤）が描かれていますが、これについては次節で説明します。なお、はくちょう座X－1のX線観測では、故小田稔氏をはじめ日本の研究グループが多大な貢献を果たしています。

はくちょう座X－1のブラックホール

を含め、およそ太陽の10倍程度の質量を持つブラックホールを「恒星質量ブラックホール」と呼んでいます。次章で登場する、さらに巨大な質量を持つブラックホールと区別するためです。恒星質量ブラックホールは、76ページ図3—10のAに示したように重い恒星がその生涯を終えたときに形成されると考えられています。

銀河系内にはいくつもの恒星質量ブラックホールが存在することが、いまではわかっています。発見されている恒星質量ブラックホールのほとんどは、はくちょう座X－1のように恒星とペアを組んでいます。二つの恒星がペアを組んでいるシステムを「連星」と呼びますが、連星の片方がブラックホールである場合はとくに「ブラックホール連星」と呼んでいます。余談ですが、連星の両方がブラックホールの場合はどうかというと「連星ブラックホール」と呼びます。ややこしい名前だと私も思いますが、そう決まってしまったのでしかたがありません。連星ブラックホールも興味深いシステムで盛んに研究されていますが、まだはっきりとした存在の証拠は見つかっていません。

## 光り輝くガス円盤

X線を放射する謎の天体がブラックホールらしいことは前節で述べたとおりです。では、なぜ暗黒であるはずのブラックホールが、X線という光を放射しているのでしょうか。ここではブラックホール天体が光り輝く理由について説明します。

図3―11をよく見ると、恒星からブラックホールに向けてガスが流れ出していることがわかります。ブラックホールの強力な重力が恒星の大気をはぎ取っているのです。このガスは最終的にはブラックホールに吸い込まれますが、その途中、ブラックホールの周りをぐるぐる回ります。回りながら徐々にブラックホールに近づき、吸い込まれていくのです。

ガスがブラックホールの周りを回転するため、ブラックホールの周りには円盤の形をした構造が作られます。これがガス円盤です。このガス円盤こそがX線放射の起源なのです。ブラックホール自身は暗黒ですが、その周りのガス円盤が光り輝いているというわけです。

では、なぜガス円盤が輝くのでしょうか。ガス円盤はブラックホールの周りを回転しているわけですが、その様子はCDやDVDがプレイヤーの中で回転するのとは異なります。CDやDVDは円盤の内側も外側も一体となって回転しますが、ガス円盤の場合は内側、つまり、ブラックホールに近い部分ほど高速で回転しているのです。太陽系の惑星を思い出してください。地球は木星より速く太陽の周りを回っていますし、金星、水星と太陽に近づくほど速く回転しています。これと同じようにブラックホールの周りのガス円盤も、ブラックホールに近い部分ほど速く回転しているのです。

回転速度に差があるため、円盤内部では摩擦が発生します。ブラックホールからある距離だけ離れた地点に注目すると、そこより内側ではガスの流れは速く、そこより外側ではガスの流れは遅いからです。太陽系の場合は惑星どうしが離れているので摩擦は生じませんが、ガス円盤にはガスが連続的に存在しています。そのため摩擦が発生するのです。

日常生活においては、摩擦で発生する熱というのは大した量ではありませんが、ブラックホールを周る円盤の回転速度はきわめて大きく、最も回転速度が大きくなるブラックホール近傍では光の速度の数十パーセントにも達します。強力な摩擦で熱せられ、円盤の温度は１００万度をはるかに超えます。鉄を熱すると白く光るのと同様、熱くなった円盤は膨大な光を放射するのです。はくちょう座Ｘ－１のガス円盤は比較的暗い部類に属しますが、恒星質量ブラックホール周りのガス円盤は、太陽の１００万倍の明るさで光ることさえ可能なのです。

## ガス円盤は宇宙最高性能のエネルギー変換施設

ブラックホール周囲のガス円盤が光る原理はおわかりいただけたでしょうか。ここまでの説明で十分かもしれませんが、エネルギーに注目してガス円盤の役割を再度確認したいと思います。

読者のみなさんは「エネルギー保存則」というのを聞いたことがあるかもしれません。図３—12にはスキーで滑り下りる人が描かれています。高い位置にいる人が仮に止まっていたとしても、斜面を下るにつれてスピードが出ます。坂を下るにつれてスピードが上がる現象は自転車でもジェットコースターでも同じなので、みなさんも日常で体験されていると思います。こういった現象はエネルギー保存則で説明できます。高い場所にある物体は大きな位置エネルギー（重力エネルギー）を持っています。坂を下るにつれて重力エネルギーが運動エネルギーに変換されてスピードが上がるというわけです。エネルギー保存則とは、あるエネルギーが別のエネルギーに変わることはあってもエネルギーの総量は増えたり減ったりしないということを意味しています。仮に坂の下で止まってもエネルギーが消えたわけではありません。止まるためにはブレーキをかけなければなりません。そのとき、ブレーキとタイヤの摩擦で運動エネルギーが熱エネルギーに変わっているのです。

ブラックホール周囲のガス円盤でも同じようにエネルギーの変換が起こっています。ブラックホールに吸い込まれるガスの身になって考えましょう。ブラックホールから遠くにいる状況は、スキーでいえば高い場所に位置しているのと同じことです。大きな重力エネルギーを持っています。そしてブラックホールに近づくに従って重力エネルギーが運動エネルギーに変換されます。回転速度が増すわけです。その運動エネルギーは摩擦によって熱エネルギーに変わり、熱せられたガス円盤が光ることで光エネルギーに変わります。

まとめると、図3―12のように重力エネルギーが運動エネルギーに、そして熱エネルギーを経て光エネルギーに変換される、ということがガス円盤で起こっているのです。実はブラックホー

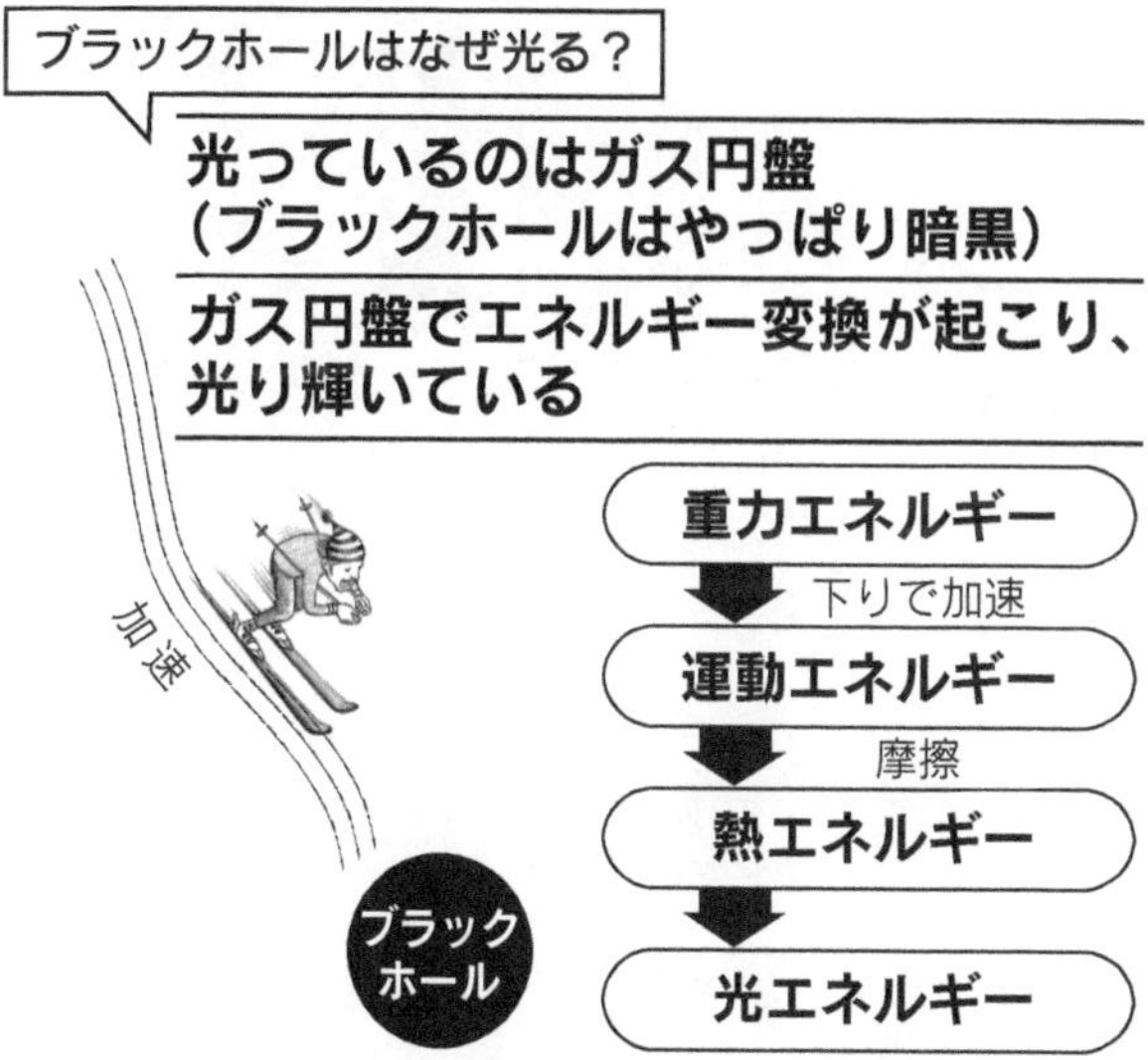
ブラックホールはなぜ光る？
光っているのはガス円盤
（ブラックホールはやっぱり暗黒）
ガス円盤でエネルギー変換が起こり、
光り輝いている
重力エネルギー
下りで加速
運動エネルギー
摩擦
熱エネルギー
光エネルギー
加速
ブラック
ホール

図３―12　ガス円盤でのエネルギー変換

ル周囲のガス円盤は、宇宙で最高性能のエネルギー変換施設なのです。

ガス円盤における重力エネルギーの変換効率がいかに優れているか、ほかの例と比較してみましょう。石油や石炭を燃焼させて熱を発生させるというのは、化学エネルギーを使っていることになります。人類が最もよく使うのがこの化学エネルギーです。電気が普及していると言っても火力発電所で石油や石炭を燃やしているので、元をたどればやはり化学エネルギーです。この場合、１グラムあたり10キロカロリーのエネルギーが取り出せます。次に核エネルギーはどうでしょうか。星は核反応で光っているので、この核エネルギーを使っていることになります。原子力発電所も種類は異なりますが核反応を使って発電しています。核反応では1グラムあたり1000万キロカロリーという膨大なエネルギーを取り出すことができます。しかし、ガス円盤における重力エネルギーの変換効率はこれをはるかに超えます。1グラムあたり10億キロカロリー以上です。この高いエネルギー変換効率こそが、ガス円盤がきわめて明るく輝く理由なのです。このためブラックホールは宇宙で最も明るい天体の一つとなっています。

## BLACKHOLE 3 この章のまとめ

重い恒星の末路はブラックホールです。それはチャンドラセカールとエディントン、そしてオッペンハイマーとホイーラーによる熱く、長い論争の末に証明されました。ブラックホールは架空の天体ではなく、実在することが理論的に示されたのです。軽い恒星の最期は白色矮星、それより重い星の末路は中性子星、そしてさらに重い星は最終的にブラックホールになる。これが現代の恒星の進化論となりました。

そして、X線観測によってついにブラックホールが発見されました。はくちょう座X－1はブラックホール連星でした。ブラックホールの実在が観測的にも確かめられたのです。ブラックホール周囲のガス円盤は明るく輝きます。ブラックホール自身は暗黒ですが、周囲にガス円盤を形成することで、宇宙で最も明るい天体の一つとなっているのです。

# 第4章
# 超巨大ブラックホールの発見

銀河の100倍の明るさで輝きながらも、そのサイズは銀河の100万分の1——こんなことがありえるでしょうか？　星ではとうてい不可能です。解釈として唯一考えられるのが、ブラックホールとそれを取り巻くガス円盤というシステムでした。

（本文より）

重い恒星が最期に到達するブラックホールは、典型的には太陽質量の10倍程度の質量になります。このようなブラックホールは恒星質量ブラックホールと呼ばれます。はくちょう座X－1をはじめ、銀河系内に多数の恒星質量ブラックホールが見つかっていることは前章で解説しました。

それに対し、太陽の100万倍から10億倍もの質量を持つブラックホールがあります。これらは「超巨大ブラックホール」と呼ばれています。私たちの住む銀河系の中心にも、400万倍の太陽質量を持つブラックホールが存在します。近年、このような超巨大ブラックホールは、およそすべての銀河の中心に潜んでいることがわかってきました。

実は、超巨大ブラックホールのほうが恒星質量ブラックホールよりも先に観測されていました。クェーサーと呼ばれる天体を、その正体が超巨大ブラックホールであることを知らずに観測していたのです。

この章では、超巨大ブラックホールについて説明します。

## 謎の電波源

超巨大ブラックホールの話を始めるには、1930年代まで歴史をさかのぼらなければなりません。ベル研究所に勤めていたジャンスキーは、無線通信の雑音となる電波の検出を命じられます。当時、ヨーロッパとアメリカ間の電話は無線通信を利用していたからです。ジャンスキーはすぐに、雑音のもとが雷であることを突きとめます。しかし、雑音はそれだけではありませんでした。宇宙から電波が飛来していたのです。

次ページの写真がジャンスキーの使ったアンテナで、波長14・6メートルの電波を検出できます。ジャンスキーはこのアンテナを用いて、宇宙から飛来する電波を世界で初めて検出しました。１９３２年のことです。しかも、その結果は予想を大きく覆す驚くべきものでした。

ジャンスキー

ジャンスキーは太陽が放射する電波が最も強く観測されると予想していました。太陽は他の星々よりも圧倒的に近くにあるのですから、これは当然の予想といっていいでしょう。夜空に輝く星々よりも、太陽のほうがまぶしいことはあらためて言うまでもありません。私たちが肉眼で見ているのは可視光ですが、電波も同じことだろうと思えば、みなさんもジャンスキーの予想を納得していただけると思います（実際、太陽を含めて恒星は主に可視光で輝いていますが電波も放射しています）。しかしながら、観測の結果、太陽は最も強い電波源ではありませんでした。

ジャンスキーのアンテナ

銀河系中心から飛来する電波のほうが強かったのです。

ジャンスキーの予想がどれほど妥当で、観測結果がいかに驚くべきものだったかについて、簡単な計算をすることで読者のみなさんにも体験してほしいと思います。

天体の見た目の明るさは、天体から離れるほど暗くなります。もう少し正確に言うと、距離の2乗分の1という関係で天体から離れるほど見た目の明るさは暗くなっていきます。たとえば二つの同じ明るさの天体があり、遠いほうが近いほうの10倍離れていれば、遠い星の見た目の明るさは近い星の100分の1になります。電波は、可視光よりもずっと長い波長を持つ光の一種です。したがってこの距離と見た目の明るさの関係は、電波でも成り立ちます。この関係を使って、太陽1個の明るさと銀河系の他の星をすべて合計した明るさを比較してみましょう。図4―1も参照してください。

私たちの銀河系は約1000億個の星々で構成されています。それぞれの星の明るさはさまざまですが、ここでは太陽と同じ明るさと仮定します。また、地球から星までの距離もさまざまで

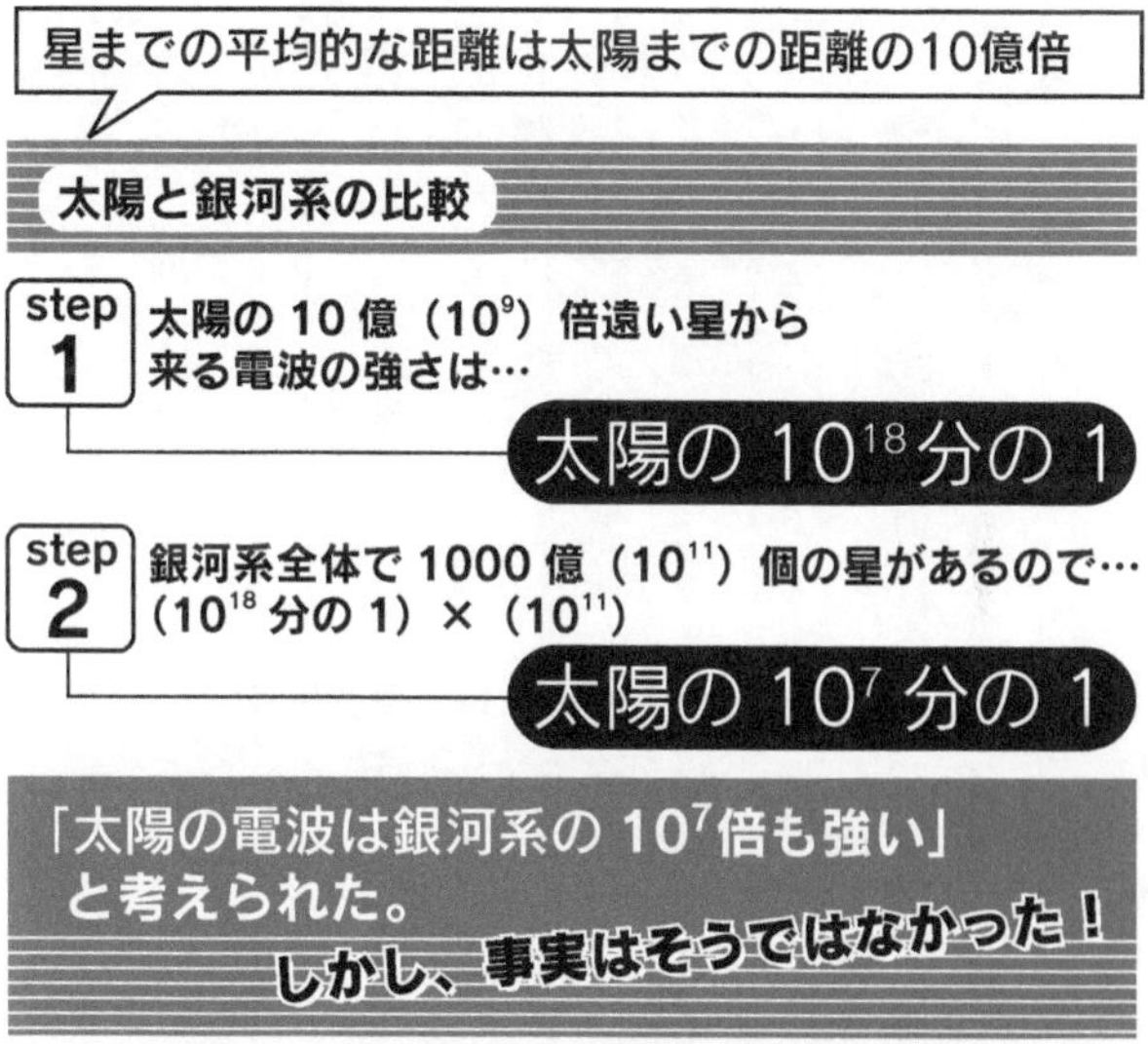
星までの平均的な距離は太陽までの距離の10億倍
太陽と銀河系の比較
step 1
太陽の 10 億（$10^9$）倍遠い星から
来る電波の強さは…
太陽の $10^{18}$ 分の 1
step 2
銀河系全体で 1000 億（$10^{11}$）個の星があるので…
（$10^{18}$ 分の 1）×（$10^{11}$）
太陽の $10^7$ 分の 1
「太陽の電波は銀河系の $10^7$ 倍も強い」
と考えられた。
しかし、事実はそうではなかった！

図4―1　太陽が最大の電波源ではなかった！

すが、平均的に太陽までの距離の10億（$10^9$）倍離れているとします。

太陽より10億倍離れた場所にある星からの電波の強さは、太陽の10億分の1の10億分の1（$10^{18}$分の1）になります。銀河系には1000億（$10^{11}$）個の星があるのですから、その個数分だけ電波が強くなることを考えると、$10^{18}$分の1×$10^{11}$で$10^7$分の1（1000万分の1）となります。つまり、銀河系全体の星々から飛来する電波より、太陽1個からの電波のほうが1000万倍も強いと予想されるのです。

ここでは星々までの距離や明るさを大雑把に仮定して計算しましたが、もう少し正確な計算をしたとしても、1000

万倍という値はちょっとやそっとでひっくり返る値ではありません。ジャンスキーでなくても太陽が最強の電波源と予想したはずです。ジャンスキーは、太陽が地平線に隠れると宇宙から飛来する電波は弱まるだろうと考えました。

しかし、ジャンスキーの予想に反し、宇宙からの電波の時間変化は太陽の動きに対応していませんでした。太陽の代わりに、銀河系中心（いて座の方向にある天の川の最も明るい領域）が真上にくると電波は強まり、地平線に隠れると電波は弱まったのです。この事実は、銀河系中心から飛来する電波のほうが太陽からの電波より強いことをはっきりと示していました。この驚くべき事実を確認したジャンスキーはさらなる調査を研究所に申し出ますが、残念ながら却下されます。第二次世界大戦に備え、無線の開発に専念するように命じられたのです。

第2章ではアインシュタインが一般相対論の検証のために計画した日食観測が、第一次世界大戦のために妨げられたというエピソードを紹介しました。ここでもまた戦争の邪魔が入ってしまったのです。

このジャンスキーの観測は「電波天文学」の幕開けと言えるものです。電波天文学の分野では電波の強さを示す際に、いまでも「ジャンスキー」という単位を使っています。

ちなみに、ジャンスキーはいくつもの幸運に恵まれていました。まず、彼が波長14・6メートルの電波を利用したことです。それより長い波長だと宇宙からの電波は大気に遮られてしまいます。逆に短い波長を使っていれば、太陽からの電波が彼を悩ませたことでしょう。さらに、当時の太陽は静穏期（太陽活動が比較的静まっている時期）にありました。これらのおかげでジャンスキーは、銀河系中心からの電波に集中することができたのです。観測では幸運に恵まれたジャンスキーは、しかし人生においては不幸な一面もありました。44歳という若さで亡くなったのです（１９５０年）。長生きしていれば、間違いなくノーベル賞を受賞しただろうと言われています。

## 電波銀河とクェーサー

さて、ジャンスキーの次に登場するのは、電波技師のレーバーです。レーバーは天文学者ではありませんでしたが、ジャンスキーの発見に興味を持ち、母親の家の裏庭に電波望遠鏡を作製します（次ページの写真）。ジャンスキーのアンテナと比べると、こちらは少し電波望遠鏡らしい形をしています。レーバーはこの望遠鏡を使って、はくちょう座とカシオペア座の方向に強い電波源があることを発見しました。

レーバーはこの結果をまとめた論文をアメリカ天文学会に提出しました。しかし、にわかには信じ難い結果であるため、その信憑性《しんぴょうせい》が疑われます。そこで、レーバーの電波望遠鏡の性能を確認するために専門家が派遣されました。これを命じたのは、あのチャンドラセカールです。チャンドラセカールはこのとき、アメリカ天文学会誌の編集責任者だったのです。

調査の結果、レーバーの望遠鏡は専門家が驚くほどの性能を持っていることがわかり、レーバーの観測結果は真実であることが認められました。宇宙には銀河系中心をはじめ、とてつもなく強力な電波を発する天体が存在することがいよいよ明らかになったのです。

しかしながら、この驚くべき発見に興味を持った天文学者はほとんどいませんでした。現代の天文学者は未知の光源や天体が発見されると、理論家であれ観測家であれ、飛びつくように研究します。当時の天文学者がなぜ謎の電波源にあまり興味を示さなかったのか、不思議でなりません。とはいえ少数ながらも、レーバーの観測結果に興味を持った天文学者はいました。その一人が、グリーンスタインです。しかし、周りに興味を持つ仲間がいなかったため、彼も研究を中断してしまいます（ただし、グリーンスタインはのちに活躍します）。

レーバーの電波望遠鏡

結果から述べると、銀河系中心やはくちょう座方向にある謎の電波源の正体は、超巨大ブラックホールでした。人類はブラックホールからのシグナルを受け取っていたのに、それを見逃して

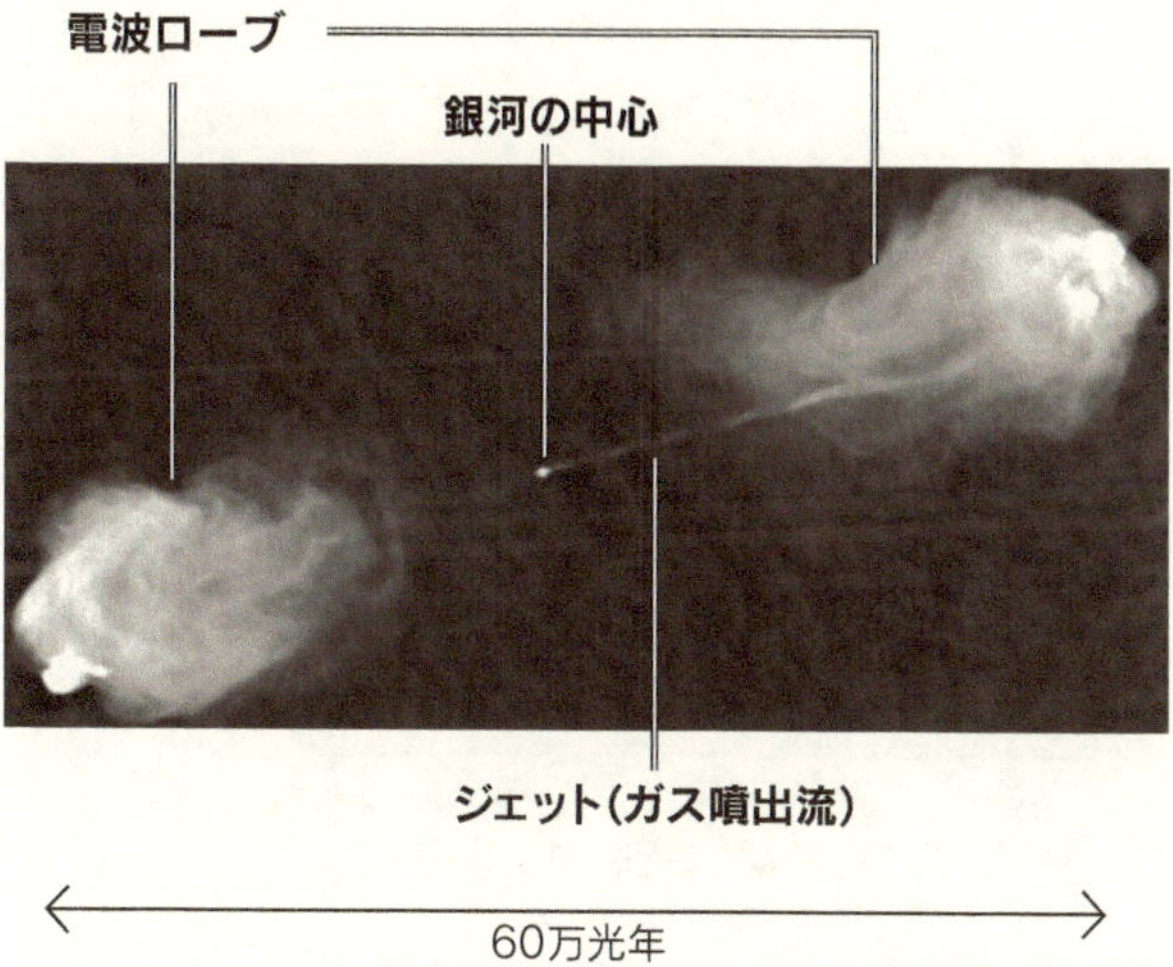
銀河（大きさ約10万光年）の両側に電波ローブが広がる


図４—２　電波銀河はくちょう座Ａ

しまったのです。

しかし第二次世界大戦が終わると、軍事目的で開発された電波技術が天文学に応用されます。これにより、電波天文学は大きく進歩します。観測によって強力な電波源がいくつも見つかり、その一部は銀河であることがわかりました。このような銀河は通常の銀河より強い電波を放射するので「電波銀河」と呼ばれています。

図４—２は電波で観測したはくちょう座Ａです。銀河に見えないと思いますが、電波観測と可視光観測では、まったく異なる構造が見えるのです。図４—２には示していませんが、可視光で観測すると、銀河中心の周りに10万光年ほど広

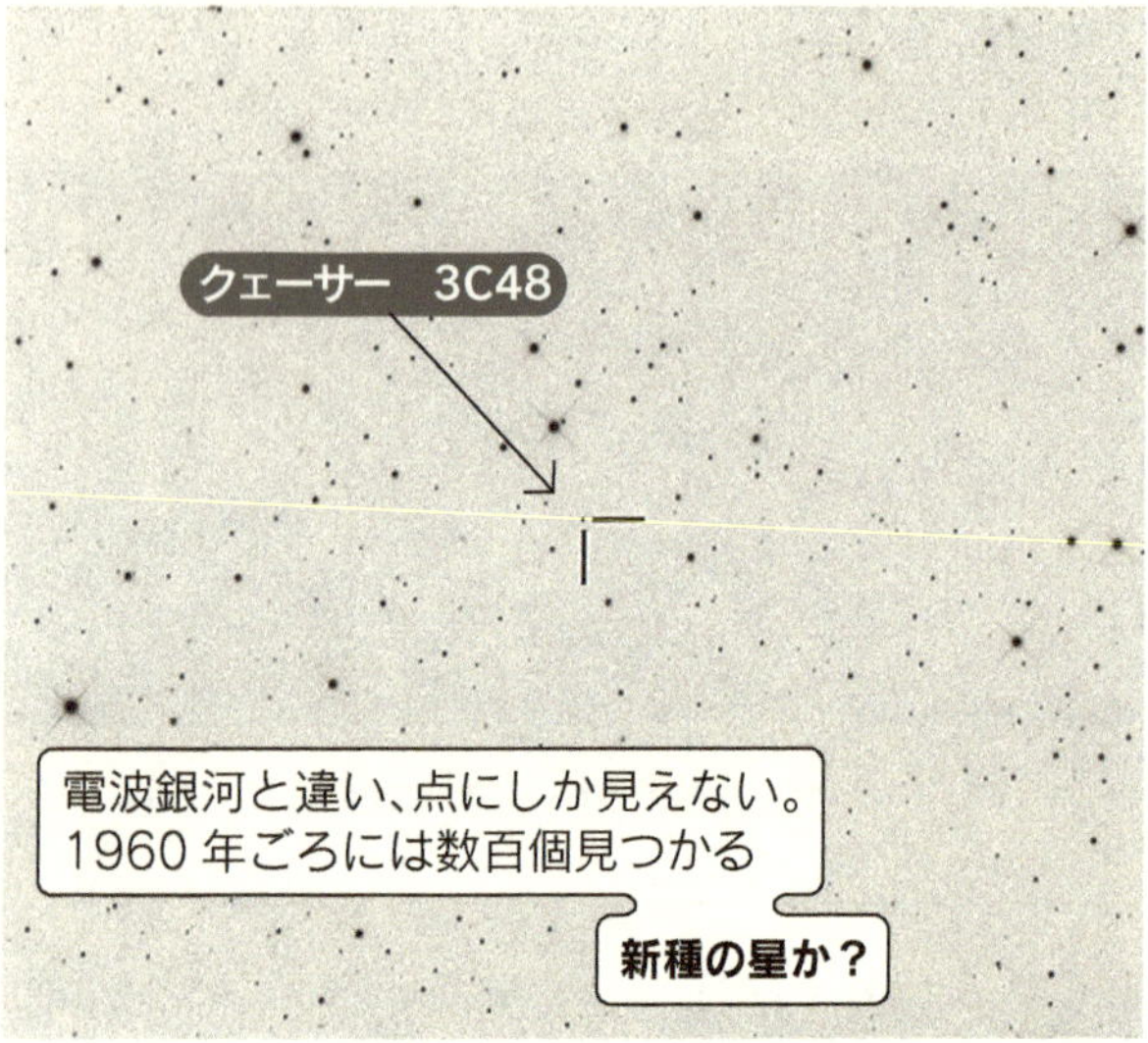
クェーサー　3C48
電波銀河と違い、点にしか見えない。
1960 年ごろには数百個見つかる
新種の星か？

図4―3　クェーサー

がった構造が見えてきます。これが星の集団、銀河本体です。ところが電波で観測すると、星の集団とは別に、銀河本体の両側に広がる電波ローブと呼ばれる構造が見えます。ローブとは「耳たぶ」という意味です。銀河が耳たぶのような「二つ目構造」を持つことは驚きでしたが、いまでは銀河中心のブラックホールから噴出するジェットがその原因であるとわかっています。ジェットの正体については、第8章で解説します。

さて、謎の電波源の一部が電波銀河であることは判明しましたが、まだまだ正体がわからない電波源が残っていました。それらをいくら観測しても、銀河のような広がった構造は検出されず、まるで星のように点にしか見えなかったのです（図４―３をご覧ください）。謎の電波源は「クェーサー」と名づけられました。日本語で言えば準恒星状天体、星ではないかもしれないが星のような天体という意味です。このような謎の電波源が１９６０年ごろには数百個も見つかっていました。ここから超巨大ブラックホールの発見へとつながる壮大な謎解きが始まります。

## 世紀の大発見「クェーサーの正体は超巨大ブラックホール」

世紀の大発見はオランダ生まれの天文学者シュミット（当時はアメリカ在住）によって成し遂げられました。１９６３年のことです。天文学者を悩ませていたクェーサーの謎が、ついに明らかになったのです。クェーサーは、宇宙のはるか彼方でとてつもない明るさで輝く天体でした。また、クェーサーはきわめてコンパクトであることもわかりました。明るさとコンパクトさをあわせ持つその性質は、巨大な質量を持つブラックホールと、それを取り巻くガス円盤でしか説明がつきません。つまりクェーサーの正体は超巨大ブラックホールであることがわかったのです。

世紀の大発見から、クェーサーの正体が超巨大ブラックホールと考えられるようになるまでを、多少長くなりますが順序立ててじっくり解説します。

### （ｉ）赤方偏移

天体の性質を調べたり、天体の種類を区別したりするのによく使われるのがスペクトルです。

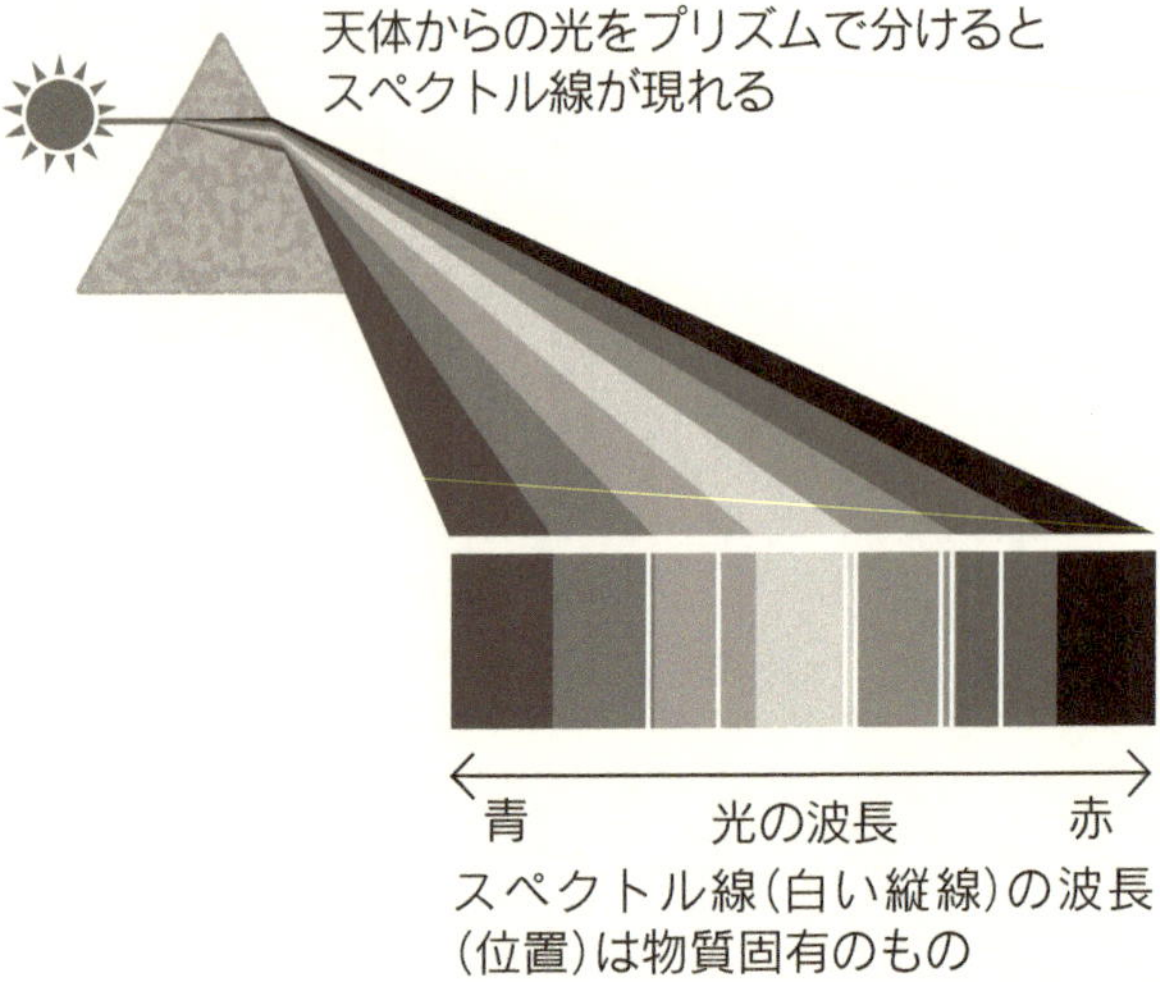
天体からの光をプリズムで分けると
スペクトル線が現れる
青
光の波長
赤
スペクトル線(白い縦線)の波長
(位置)は物質固有のもの

図4—4　スペクトル線の波長から、星の材料がわかる

光にはさまざまな波長があり、波長の長いほうから大まかに並べると、電波、赤外線、可視光線、紫外線、X線となります。可視光線をさらに細かく分けると、波長の長いほうが赤い光で短いほうが青や紫の光になります。それぞれの波長での光の強さの分布をスペクトルといいます。

たとえば太陽の光をプリズムに通すと、虹色の模様が現れます。これは白色に見える太陽の光が、実は波長の長い赤色光から波長の短い青もしくは紫の光までが混じり合っていることの証拠です。それぞれの色の強さを調べれば、太陽がどの色の光でどれくらい強く輝いているかがわかることになります。プリズムが使えるのは可視光だけですが、もっと幅広い波長で光の強さを調べると、可視光が最も強く、次に強いのがその両側の赤外線や紫外線、そして電波やX線はさほど強くないことがわかります。

しかし、94ページに登場したグリーンスタインによって、クェーサーのスペクトルは恒星のそれとはまったく異なることが発見されていました。

スペクトルの話をもう一歩進めましょう。スペクトルの解析をすると、その天体を構成する物質の種類を知ることができます。図４―４に星からの光をプリズムに通した例を示しました。虹色の模様が現れています。

ここで重要なことがあります。虹色の模様をよく見ると、途中に黒い影が縦線となって現れるのです（見やすいように図では白い縦の線で示しています）。これはスペクトル線と呼ばれています。スペクトル線がどの波長に現れるかは物質の種類で決まっています。たとえば水素なら波長６５６ナノメートルや４８６ナノメートルのところにスペクトル線が現れます。水素に限らず、酸素や炭素も、そのほかの物質も、それぞれ特有の波長にスペクトル線を作ります。つまり、探査機を飛ばしてその星まで直接行かなくても、スペクトル線の波長を調べればその星の材料がわかるのです。

ところが、グリーンスタインが調べたクェーサーのスペクトル線は、恒星とはまったく異なる波長に現れました。そのスペクトル線の位置は、地球上にある物質で説明できるものではありま

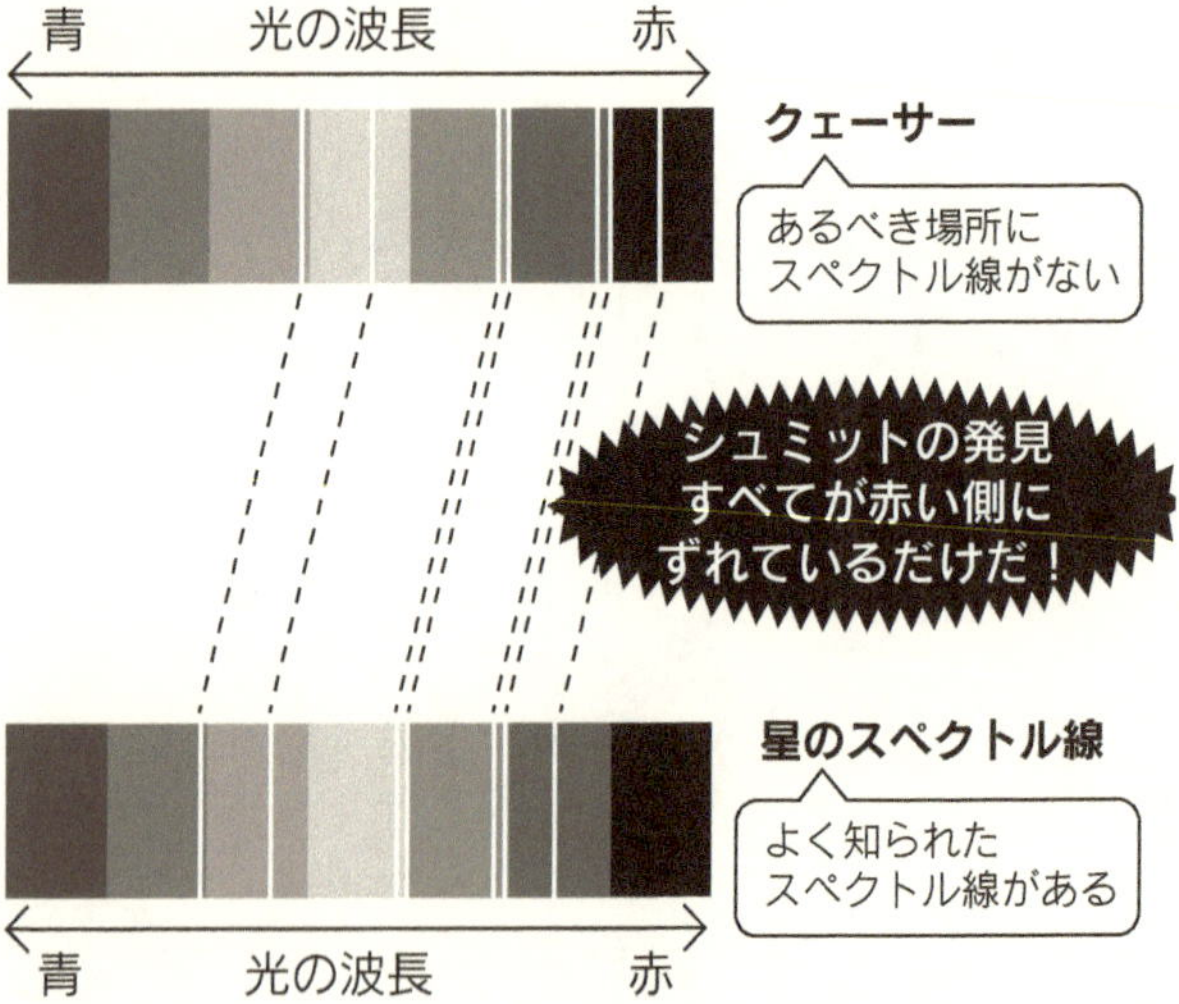
青
光の波長
赤
クェーサー
あるべき場所に
スペクトル線がない
シュミットの発見
すべてが赤い側に
ずれているだけだ！
星のスペクトル線
よく知られた
スペクトル線がある
青
光の波長
赤

図4—5　未知のスペクトル線の原因は赤方偏移

せんでした。この結果をそのまま解釈すると、クェーサーは未知の物質でできた天体であるという信じ難い結論に達します。本当に通常の星とはまったく異なる物質でできた新種の星なのか、それとも何かトリックがあるのか。これが天文学者たちの悩みの種となったのです。

クェーサーの奇妙なスペクトル線を眺めていたシュミットは、ついに気がつきました。通常の星で見られるスペクトル線を赤い側（波長の長い側）にずらすと、クェーサーのスペクトル線とみごとに一致したのです。図4—5に記したのはスペクトル線の模式図です。よく知られた星のスペクトル線を赤いほうにずらすと、ぴたりと一致することがよくわかると思います。実際の観測データはこんなに単純ではありませんし、シュミットが使ったのは黒い影として現れるスペクトル線（吸収線）ではなく、明るい線として現れるスペクトル線（輝線）でしたが、原理は同じです。

スペクトルが赤い側にずれる現象を「赤方偏移」と呼びます。クェーサーの奇妙なスペクトル線が赤方偏移で理解できる――これこそがシュミットの世紀の大発見なのです。しかし、なぜたったこれだけのことが世紀の大発見なのでしょうか？

## （ii）超高速で遠ざかるクェーサー

シュミット

クェーサーのスペクトル線が赤方偏移している原因は何か？　これが次のステップです。答えを先に述べると、赤方偏移の原因は光のドップラーシフトです。近づいてくる救急車のサイレンの音が高く聞こえ、通り過ぎると低くなるのは音のドップラーシフトです。これは読者のみなさんもよく知っていると思います。光のドップラーシフトでは、近づいてくる光源の光は青い側（波長の短い側）にずれ、遠ざかる光源の光は赤い側（波長の長い側）にずれるのです（図4―6）。

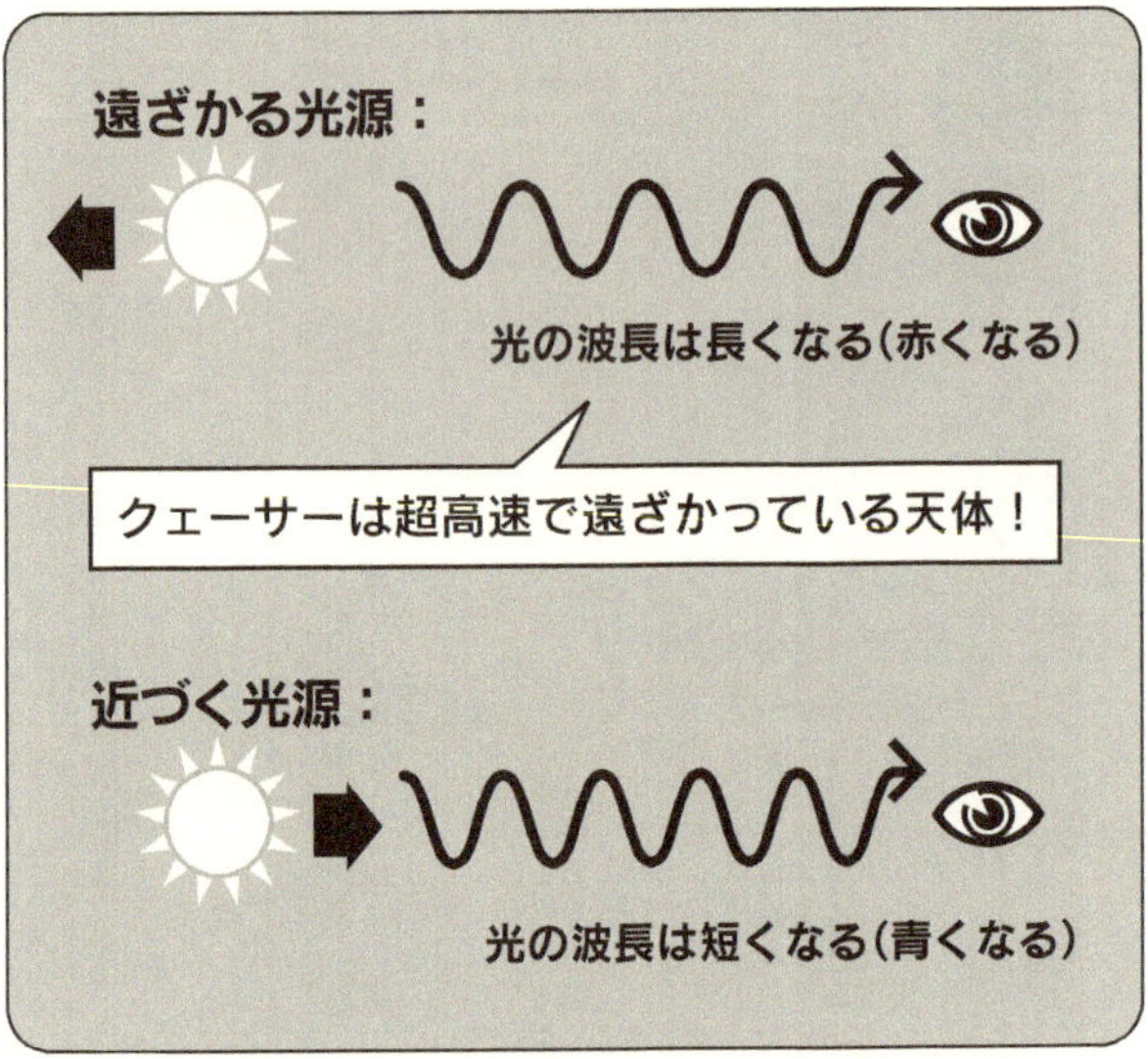
遠ざかる光源：
光の波長は長くなる（赤くなる）
クェーサーは超高速で遠ざかっている天体！
近づく光源：
光の波長は短くなる（青くなる）
図4—6　光のドップラーシフト

このドップラーシフトがクェーサーの赤方偏移の原因です。つまり、クェーサーは私たちから遠ざかっている天体であり、そのためスペクトル線が赤い側にずれると考えると辻褄《つじつま》が合うわけです。これで、クェーサーが地球に存在しない未知の物質からできた天体であると考える必要はなくなりました。ただし、クェーサーが地球から遠ざかっているだけの、通常の恒星というわけではありません。ここから、クェーサーの驚くべき性質が芋づる式に明らかになります。

ドップラーシフトによる赤方偏移は、天体の遠ざかる速度に関係します。高速で遠ざかる天体ほど大きな赤方偏移を示すのです。観測された赤方偏移から計算

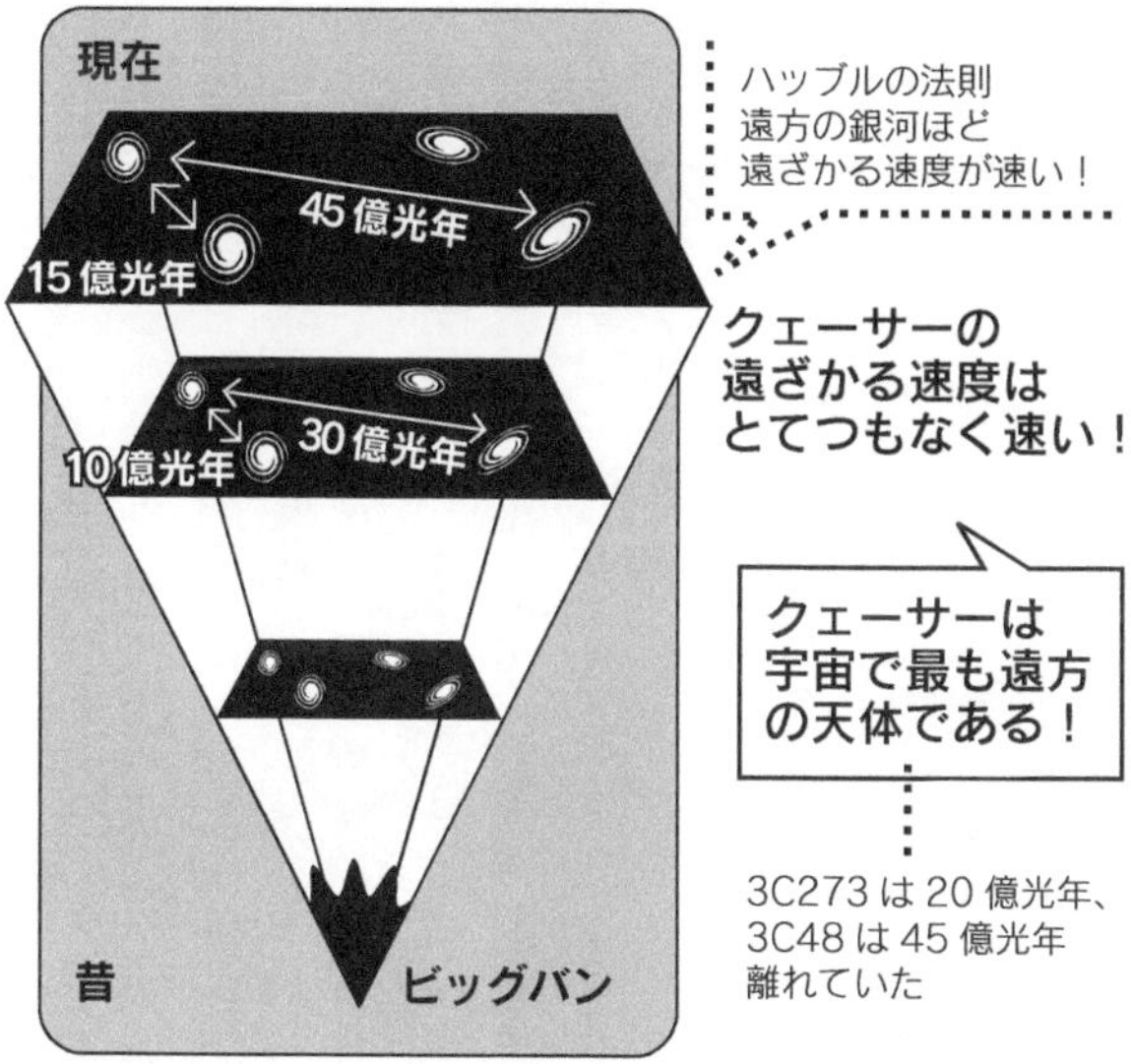
現在
45億光年
15億光年
30億光年
10億光年
昔
ビッグバン
ハッブルの法則
遠方の銀河ほど
遠ざかる速度が速い！
クェーサーの
遠ざかる速度は
とてつもなく速い！
クェーサーは
宇宙で最も遠方
の天体である！
3C273は20億光年、
3C48は45億光年
離れていた

図４―７　宇宙膨張とハッブルの法則

した結果、クェーサーの遠ざかる速度は驚くべき値であることがわかりました。3C273と名づけられているクェーサーが光速の16％、そしてクェーサー3C48（96ページ図４―３）は光速の37％の速度で遠ざかっていたのです。

ちなみに、ドップラーシフトによる赤方偏移と、第２章で紹介した重力赤方偏移の原理は異なりますのでご注意ください。どちらも光の波長は長い側（赤い側）にずれますが、ドップラーシフトは特殊相対論、重力赤方偏移は一般相対論による効果です。

## (iii) はるか遠方で輝くクェーサー

クェーサーが高速で遠ざかっているという事実は、さらに驚くべき結論へとシユミットを導きます。それはクェーサーが宇宙のはるか彼方の天体であるという結論です。

宇宙はビッグバンで始まり、現在も膨張し続けています。図4—7は宇宙膨張の模式図です。宇宙が膨張すると、それに従って天体と天体の間の距離が広がります。その際、遠くの天体ほど高速で遠ざかるのです。これは「ハッブルの法則」と呼ばれ、広く知られています。

たとえば地球から10億光年の距離と30億光年の距離にそれぞれ銀河があったとしましょう。宇宙膨張で宇宙の大きさが1・5倍になったとき、近い銀河までの距離は15億光年、遠い銀河までの距離は45億光年になります。近いほうの銀河が5億光年遠ざかる間に、遠いほうの銀河は15億光年遠ざかるのです。遠い天体ほど高速で遠ざかるということがおわかりいただけたでしょうか。実際の宇宙はこれほど単純ではないのですが、ここでは非常に単純化して、遠い天体ほど高速で遠ざかる原理を説明しました。

遠い天体ほど高速で遠ざかることは、天体の遠ざかる速度と、その天体までの距離に関係があるということを意味しています。つまり、天体の遠ざかる速度を測れば、その天体までの距離がわかることになります。この方法でさきほど例にあげたクェーサーまでの距離を計算したところ、その答えは3C273が20億光年、3C48が45億光年という結果になりました。宇宙の大きさは約137億光年です。クェーサーはまさに宇宙のはるか彼方で輝く天体だったのです。もちろん、当時知られていた天体の中で桁違いに遠い天体でした。

補足しておきますが、読者の中には赤方偏移を宇宙膨張によって空間が広がることで理解している方もいらっしゃると思います。その場合はそれでかまいませんので混乱しないでください。宇宙膨張で赤方偏移を理解するのも一つの方法で、むしろそのほうがより正確だと思いますが、ここではドップラーシフトを使った理解のしかたを採用しました。どちらもわかってしまえば原理は単純です。

## (iv) クェーサーの驚くべき明るさとコンパクトさ

さて、シュミットの世紀の大発見が意味するところも最終段階です。

距離が離れるほど天体の見た目の明るさが暗くなってしまうことはすでに説明しました。では、クェーサーがはるか遠方の天体であるにもかかわらず、観測できるのはどうしてでしょうか？　答えは単純です。クェーサーが膨大な明るさで輝いているからです。とてつもない明るさであるため、はるか遠方にあっても観測できるのです。クェーサーの明るさは典型的には銀河の100倍です。驚くべき明るさで輝いているのです。

驚くべき性質はまだあります。それはクェーサーがきわめてコンパクトな天体であることです。クェーサーはあまりに遠いので、近傍の銀河のように形や大きさを直接測ることはできません。しかしながら、クェーサーの明るさの時間変化からそのサイズを推定することができるのです。時間変化から天体のサイズを見積もる方法は前章の最後に登場したはくちょう座X－1でも

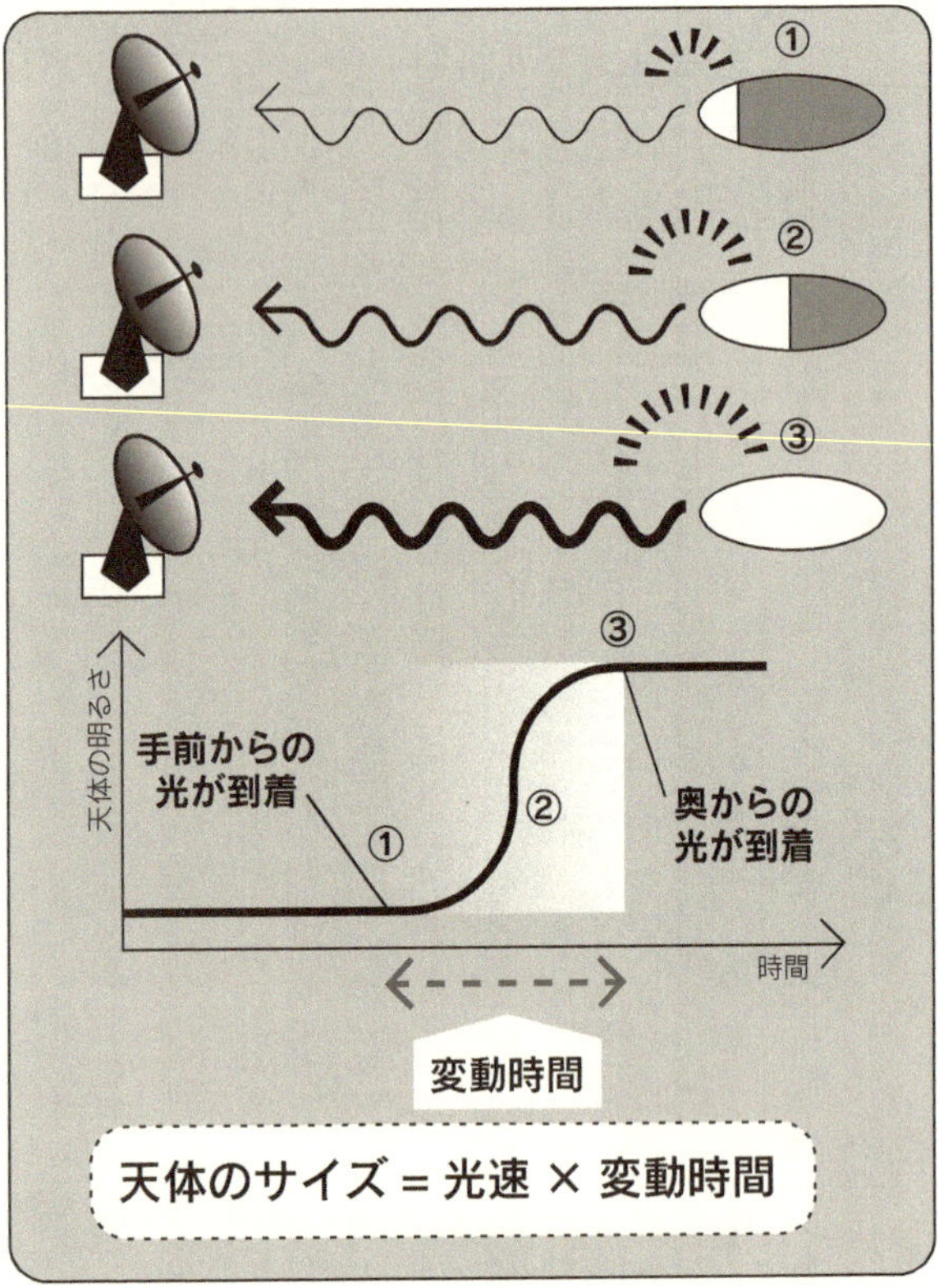


図4—8　明るさの変動からサイズがわかる

使われました。ここでその原理を説明します。

図4—8を見てください。いま何かの天体を観測しているところです。どんな天体でもいいのですが、ここでは仮にガス円盤とします。次に、このガス円盤の明るさが突然2倍になったと仮定します。さて、ではこのガス円盤の

明るさの変化はどう観測されるでしょうか？　即座に2倍になるというのは早とちりです。答えは図4―8のグラフの通りで、徐々に明るくなり、少し時間が経ってやっと2倍になるのです。

その理由は、光の速度が有限だからです。円盤全体の明るさが瞬間的に2倍になったとしても、私たちがまず観測するのは円盤のいちばん手前（地球に近い側）の部分の増光です（①）。いちばん近い部分からの光が真っ先に地球に届くからです。その後、円盤の中央部の増光も観測されるようになり（②）、最後にいちばん奥（地球から遠い側）の部分の増光が観測されます（③）。したがって、ガス円盤の明るさはいきなり2倍になるのではなく、徐々に増光していくように観測されるのです。

まとめると、観測されるガス円盤の増光は、いちばん手前の部分からの光が届いたときに始まり、いちばん奥の部分からの光が届いたときに完了することになります。手前の部分からの光と奥の部分からの光を比べると、奥からの光はガス円盤の直径の分だけ長い距離を飛ばなければなりません。つまり、光が円盤の直径を通過するのにかかる時間が、この増光の始まりから終わりまでの時間（変動時間）になります。ガス円盤の直径は光の速度に変動時間をかけることで求めることができるわけです。

実際のクェーサーの明るさの変化はこんなに単純ではありませんが、観測データをくわしく解析し、この原理を使ってそのサイズを推定することができるのです。クェーサーは典型的には数日から数ヵ月の変動時間を持つことが知られています。仮に10日として計算すると、そのサイズは銀河のサイズの100万分の1以下になります。

銀河の100倍の明るさで輝きながらも、そのサイズは銀河の100万分の1——こんなことがありえるでしょうか？　星ではとうてい不可能です。解釈として唯一考えられるのが、ブラックホールとそれを取り巻くガス円盤というシステムでした。前章で説明したように、ブラックホールを取り巻くガス円盤は非常に効率的なエンジンで、コンパクトであってもきわめて明るく輝くことが可能だからです。ただし、銀河の100倍という明るさを説明するには、さすがに恒星質量ブラックホールでは足りません。超巨大ブラックホールとそれを取り巻くガス円盤というシステムだけが、膨大な明るさとコンパクトさを説明できる理論だったのです。

ただし、ブラックホール＋ガス円盤の理論が提唱されたのは1960年代後半から1970年代になってからのことなので、シュミットの世紀の大発見（1963年）からしばらくは、クェーサーの正体について論争が続きました。宇宙のはるか遠方の天体ということを認めれば、信じ難い明るさを説明しなければなりません。近傍の天体ということになれば、明るさは問題なくなりますが、その未知のスペクトル線を説明しなければなりません。さまざまなアイデアが提唱され、議論されました。しかしながら、もっともらしいアイデアはありませんでした。

やがてガス円盤の理論が登場したことで、クェーサーの正体は超巨大ブラックホールであるという考えが広まりました。いまでは超巨大ブラックホールとガス円盤がクェーサーの正体であることを疑う人はほとんどいないと言っていいでしょう。

ずいぶん長くなりましたので、ここまでの話の展開をまとめます。

クェーサーは大きな赤方偏移を示す天体でした。大きな赤方偏移の理由は、超高速で遠ざかっていることです。超高速で遠ざかることは、クェーサーが宇宙のはるか遠方に存在することを意味します。見た目の明るさと距離の関係から、クェーサーは膨大な明るさで輝く天体であることが判明しました。また、クェーサーであることは、明るさの変動時間が短いことからわかります。膨大な明るさとコンパクトさから、クェーサーの正体が超巨大ブラックホールと、それを取り巻くガス円盤であるという結論に至ったのです。

## 超巨大ブラックホールと活動銀河中心核

その後の観測で、クェーサーの超巨大ブラックホールは銀河の中心に存在していることがわかってきました。人間の目もそうですが、明るい光源の近くにある比較的暗い物体を観測するのは困難です。クェーサーでも超巨大ブラックホール＋ガス円盤というシステムが明るすぎて、その周りの星々を観測するのは困難でしたが、観測装置の発達により銀河が見つかるようになったのです。

銀河の中心に超巨大ブラックホールとガス円盤が存在し、それがおそるべきパワーを持っているという特徴は、前述した電波銀河にも同様にあてはまると考えられるようになってきました。電波銀河に電波ローブと呼ばれる二つ目の構造があることは95ページの図4―2で紹介しましたが、この電波ローブが、銀河中心から吹き出すジェットによって形成されていることがわかってきたのです。つまり、もとをたどれば銀河の中心部にエネルギー源（ブラックホール）があることになります。そのため、いまでは電波銀河もクェーサーも同類の天体と考えられています。

さらに、クェーサーほどのパワーはなくても、中心部が明るく輝き、時間変動している銀河がいくつも見つかってきました。クェーサーの縮小版と考えてよいでしょう。現在はこういった銀河の中心部とクェーサーをひっくるめて「活動銀河中心核」と呼んでいます。非常にパワーの弱いものも含めると、活動銀河中心核はおよそ半数の銀河に存在することがわかっています。超巨大ブラックホールと光り輝くガス円盤というシステムを持つ銀河は、実は宇宙の中で比較的ありふれた存在だったのです。

本章の重要な解説はこれで終了です。このあとは少し枝葉の話になりますので、軽く読み流していただいて結構です。活動銀河中心核は前章で紹介したブラックホール連星とはまったく異なった構造を持っていると考えられています。図4―9にその想像図を示します。中心部に超巨大ブラックホールが存在し、その周囲にガス円盤が形成されています。白くひものように伸びているのがジェットです（ジェットの形成メカニズムについては第８章で解説します）。

図４―９で何といっても特徴的なのが、円盤の外側に存在するリング状の物体です。これは「トーラス」と呼ばれています。このトーラスが存在すると、運が悪いと中心部を直接見ることができなくなります。トーラスの上や下から覗きこむことができれば中心部が直接見えますが、横から見ると隠されてしまうからです。実は、一部の活動銀河中心核は中心部が隠されたような性質を持っていることが観測からわかっていて、「直接中心部が見える活動銀河中心核」と「中心部が隠された活動銀河中心核」があるという観測事実を、なるべく単純な構造で理解しようとして考え出されたのがトーラスなのです。このトーラスモデルは広く信じられていますが、その存在はいまだに証

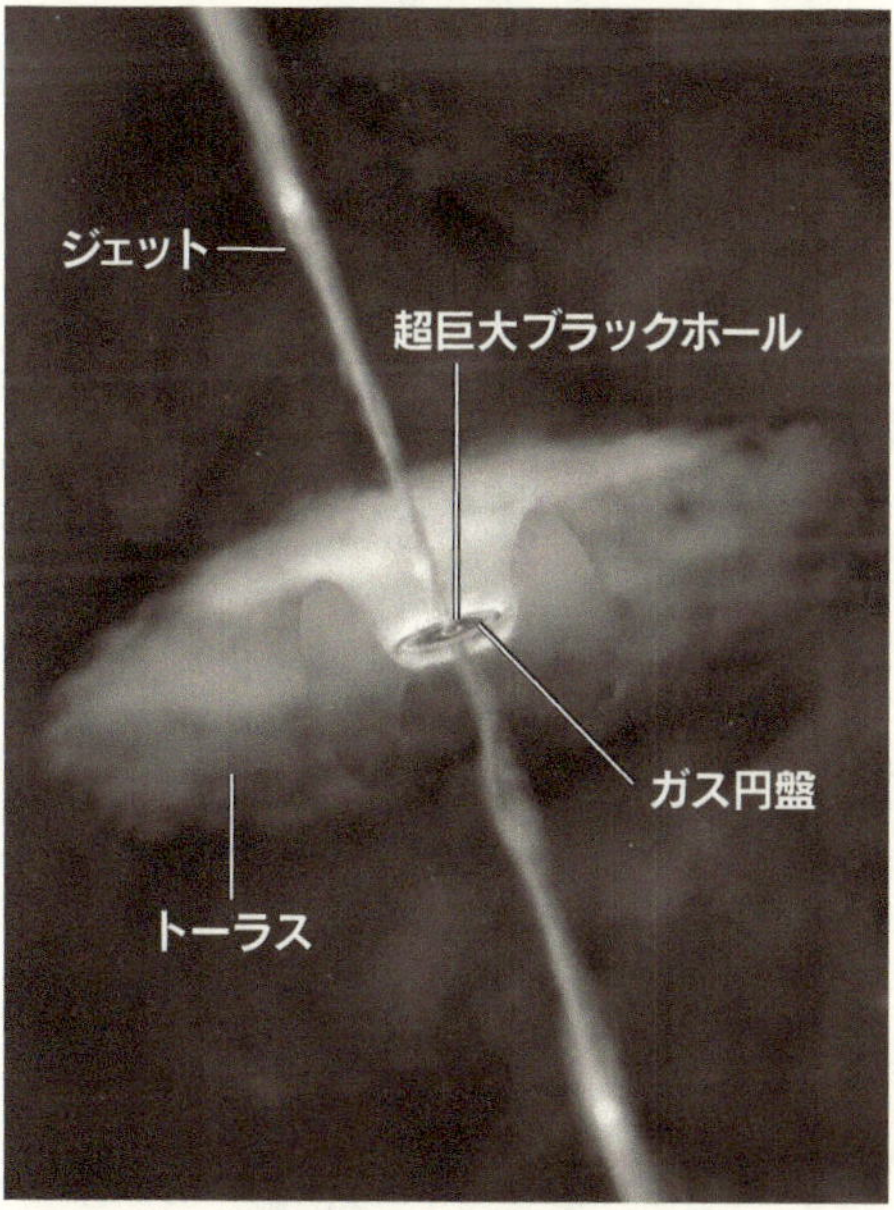


図４―９　活動銀河中心核の想像図（NASAの図を改変）

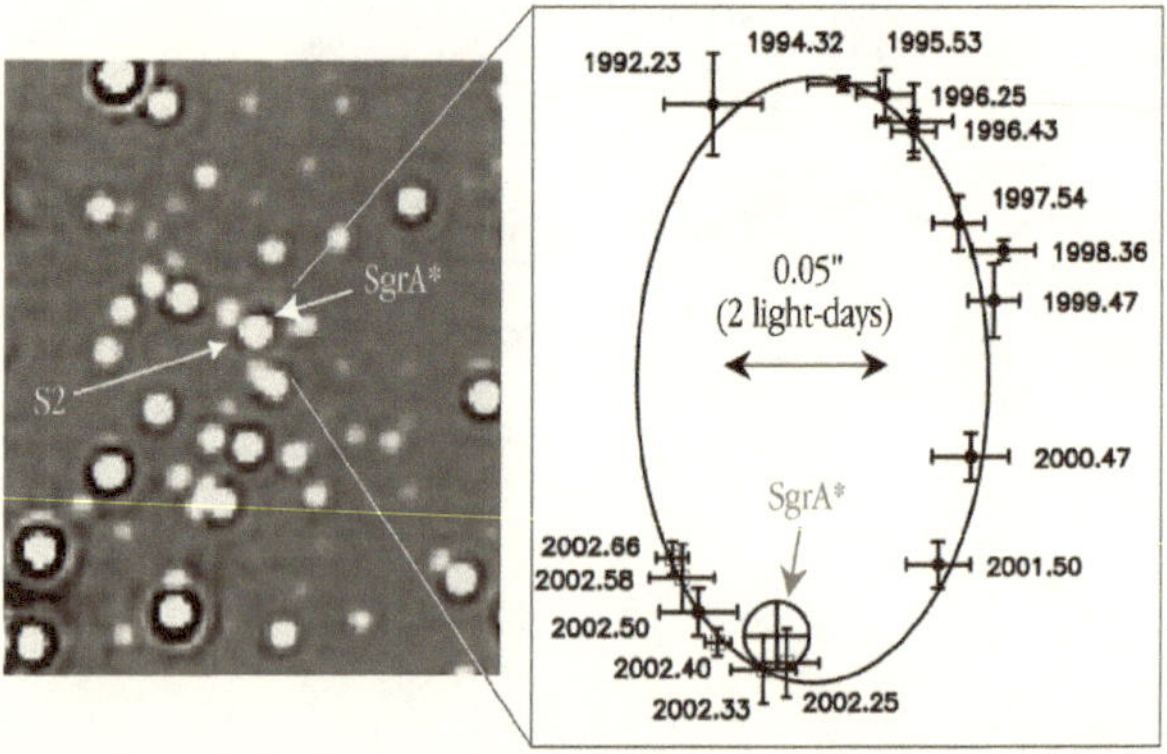


図4—10　銀河系中心の超巨大ブラックホールを周回する星の軌道（ESO）

明されていません。観測事実を説明するためのアイデアの域を出ていないというのが現状です。

　また、この図には示していませんが、活動銀河中心核には無数の小さなガスの塊が存在し、飛び回っていると信じられています。小さなガスの塊がガス円盤からの光をいったん吸収し、再び放射していると考えなければ説明のつかないスペクトルが観測されているのです。しかしながら、この小さなガスの塊がどのように形成されたのかについてはまったくわかっていません。この問題はトーラスの形成問題よりもさらに難解と考えられます。

　このように、活動銀河中心核の構造は観測事実をもとにしたアイデアが提案されてはいるものの、まだまだ謎に包まれている状態なのです。

　およそ半数の銀河が活動銀河中心核を持つと説明しましたが、それでは活動銀河中心核を持たない銀河の中心部には、超巨大ブラックホールは存在しないのでしょうか？　答えはＮＯです。その一例が私たちの銀河系です。銀河系の中心は活動銀河中心核のように明るく輝いているわけではありませんが、巨大なブラックホールが存在することがわかっています。

図４―10を見てください。いて座Ａ*《エースター》（SgrA*）は銀河系の中心です。そして、そのすぐそばのS2という星の軌道を10年にわたって追跡した結果が示されています。いて座Ａ*の位置をわかりやすくするために、右の拡大図に⊕記号を記してありますが、実はその場所には何も映っていません。それにもかかわらず、いて座Ａ*の周りを星が周回しているのです。これは暗いながらも大きな質量を持つ天体、つまり超巨大ブラックホールがいて座Ａ*に存在していることの証拠です。解析の結果、その質量は太陽質量の約４００万倍と見積もられています。この４００万という値はときどき更新されるのですが、さほど大きく変わることはないでしょう。そして現在では、活動銀河中心核を持つか持たないかにかかわらず、およそすべての銀河の中心部に超巨大ブラックホールが存在することがわかってきています。

## BLACKHOLE 4　この章のまとめ

宇宙から飛来する謎の電波、それは超巨大ブラックホールからのシグナルでした。人類は一度はそれを見逃してしまいましたが、シュミットが世紀の大発見をします。クェーサーが宇宙のはるか遠方でとてつもない明るさで輝く天体であることがわかったのです。クェーサーの正体が超巨大ブラックホールであることはもはや疑いのない事実となりました。巨大な質量を持つブラックホールとその周囲のガス円盤というシステム以外に、クェーサーのパワーを説明する方法はないのです。

その後、私たちの銀河系も含め、およそすべての銀河の中心に超巨大ブラックホールが潜んでいることがわかってきました。また、活動銀河中心核は約半数の銀河の中心部に存在し、クェーサーほどではないにしても明るく輝きつつ、激しい時間変動を示しています。超巨大ブラックホールは稀《まれ》な天体ではなく、あらゆる銀河に存在するありふれた天体なのです。

# 第5章

# 超巨大ブラックホールの謎

ではエディントン限界は本当に限界なのでしょうか？　これを打ち破らないかぎり、ガスの吸い込みで超巨大ブラックホールを作ることはできません。「エディトン限界を超えることができるのか?」。ガスの吸い込みによる超巨大ブラックホール形成が可能か否かは、この答えにかかってきました。（本文より）

本章では前章に引き続き、超巨大ブラックホールについて解説します。

前章で解説したように、およそすべての銀河の中心に超巨大ブラックホールが存在することがわかってきました。しかしながら、この超巨大ブラックホールの形成プロセスは、いまだ謎に包まれています。専門家の間でもまだまだ熱く議論されている分野です。現代天文学最大の謎の一つといっていいでしょう。そういった状況ですのでここで明確な答えを示すことはできませんが、いくつかの可能性（私の好みも反映されています）について解説します。

## 超巨大ブラックホール形成のタイムリミット

銀河の中心部には巨大な質量を持つブラックホールが潜んでいます。銀河系の中心に存在するブラックホールの質量は比較的小さいと推定されていますが、それでも太陽質量の約４００万倍はあるとされています。クェーサーに至っては、太陽の1億倍から10億倍もの質量を持つ超巨大ブラックホールが存在すると考えられています。第3章で解説したように恒星質量ブラックホールの形成プロセスはおよそわかっていますが、このような超巨大ブラックホールに関しては、盛んに研究されてきたにもかかわらず、いまもって解決されていないというのが現状です。

超巨大ブラックホールの形成問題をさらに難解にしているのが、タイムリミットの存在です。すでに解説したように、クェーサーは宇宙のはるか遠方で輝いています。第4章では地球からの距離が数十億光年というクェーサーが登場しましたが、いまでは１００億光年を超えるクェーサーが多数発見されています。なかには１３０億光年を超えるものまであります。宇宙の観測において、遠方であることは時間的に過去であることを意味します。クェーサーはビッグバンからわずか数億年後の宇宙にすでに存在しているのです。したがって、宇宙年齢である１３７億年かけて超巨大ブラックホールを作ればいいというのは間違いです。数億年という短いタイムリミットの間に成し遂げなければならないのです。スピーディーなメカニズムが必要であることが、超巨大ブラックホールの形成問題をより難しくしているのです。

## 超巨大ブラックホール形成仮説

超巨大ブラックホールを作る最も単純なアイデアは、面倒なプロセスなしにいきなり超巨大ブラックホールが現れるというものです。太陽質量の数万倍を超えるような巨大質量を持つ恒星が生まれると、それは瞬く間に進化し、巨大なブラックホールに変貌するということが指摘されています。現在観測されている恒星は、太陽質量程度のものが多く、非常に大きな恒星であっても太陽質量の数十倍程度しかありません。しかしながら、巨大な恒星が現在の宇宙に見つかっていないからといって、それが宇宙初期に誕生し、超巨大ブラックホールに進化したという説は否定できないのです。宇宙初期の星の形成メカニズムはまだよくわかっていないことが多く、最有力

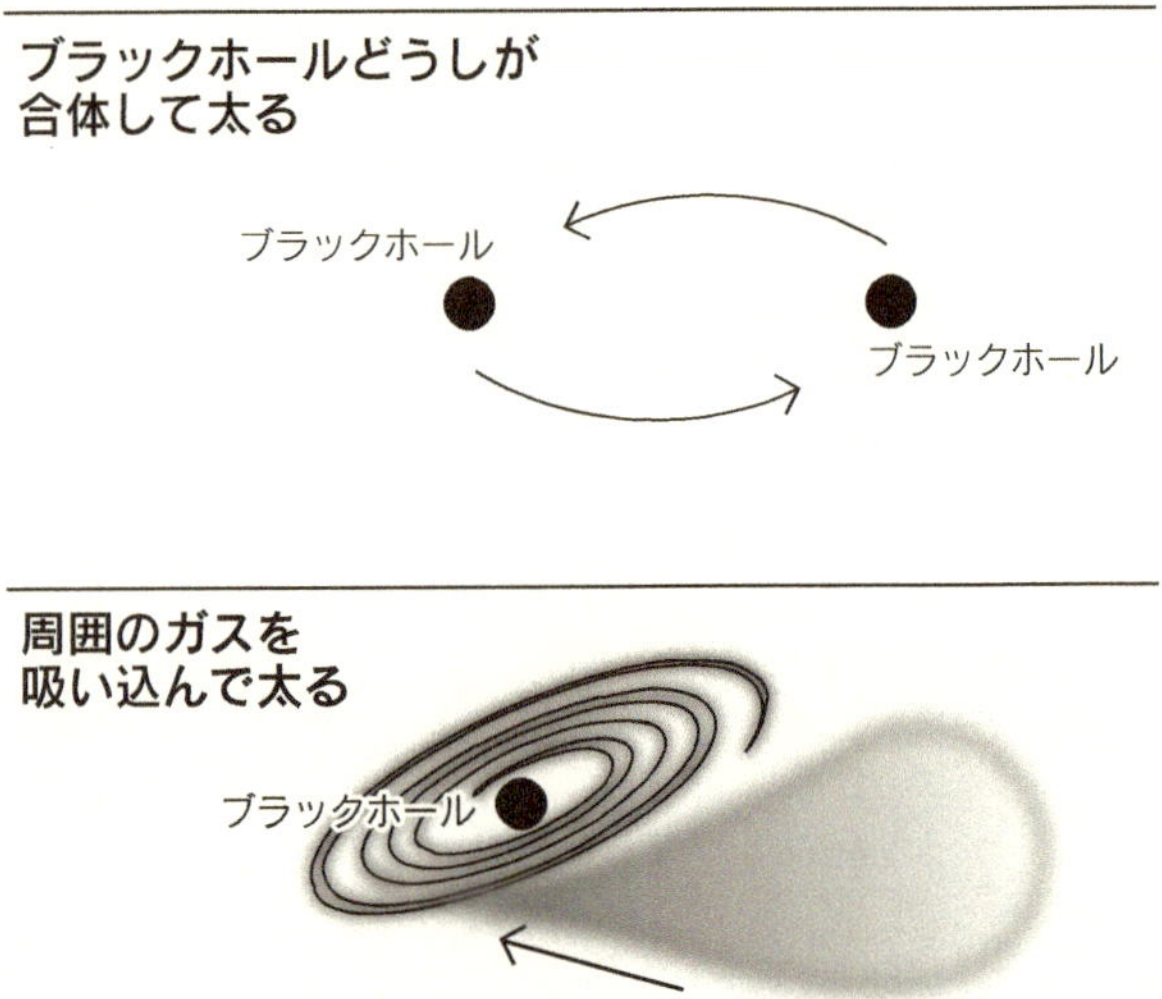
ブラックホールどうしが
合体して太る
ブラックホール
ブラックホール
周囲のガスを
吸い込んで太る
ブラックホール

図5―1　ブラックホールを成長させる２つのプロセス。合体とガスの吸い込み

とは言えないまでも一つの可能性としてはありえる仮説です。

超巨大ブラックホールの形成プロセスが謎に包まれている一方で、第３章で解説したように、恒星質量ブラックホールの形成メカニズムはおよそわかっています。重い星が超新星爆発を起こして死んだあとにできあがるというものです。そこで、この恒星質量ブラックホールを進化させて超巨大ブラックホールを作るメカニズムが盛んに研究されています。

恒星質量ブラックホールの質量は太陽の10倍程度ですが、何でも吸い込むというブラックホールの性質を利用し、どんどん太らせることができれば超巨大ブラックホールが誕生します。非常に単純な理屈です。ブラックホールを太らせるメカニズムは主に二つ考えられていて、一つはブラックホールどうしの合体であり（図５―１上）、もう一つはガスの吸い込みです（図５―１下）。

合体説のストーリーはおよそ以下のようになっています。

たとえば宇宙初期に多数の恒星からなる星の集団が生まれたとします。その集団の中には重い星も含まれているでしょうから、超新星爆発を起こして恒星質量ブラックホールが生まれるでしょう。星の集団どうしが合体してより大きな集団を作り、銀河を作り、さらには銀河どうしが合体してより進化した銀河が形成されていくでしょう。その過程で、そこに含まれているブラックホールどうしが次々に合体すれば、最終的には銀河の中心に超巨大ブラックホールが現れるということになります。

合体説は有力な仮説ですが、未解決の問題が残されています。簡単に言えば、ブラックホールどうしが本当に合体するのか？　ということです。銀河と銀河が頻繁に衝突しただろうということは、最近の研究で明らかになりつつあります。しかしながら、銀河のサイズと比べるとブラックホールのサイズははるかに小さいので、銀河どうしがぶつかったときにブラックホールどうしが遭遇する可能性はかなり低いのです。

ブラックホールは他の恒星より重いので、時間をかければ銀河の中心に沈んでいきます。そこでブラックホールどうしが遭遇することは十分可能性がありますが、それでもまだ問題がありま す。ブラックホールどうしが遭遇したとしても、いきなり合体するのではなく、互いに相手の周りを回る状態、つまりブラックホールどうしの連星を作ると考えるのが自然です。ここから合体までに、時間がかかり過ぎるのです。ブラックホールどうしの連星は比較的安定な状態であり、なかなか近づくことはできません。重力波（第10章で説明します）を出すことで徐々に近づき、最終的に合体することは間違いないと考えられていますが、クェーサーが現れるまでの数億年に間にあわない可能性があるのです。

ブラックホールどうしの合体説は、いまもさまざまなアイデアが追加されたり修正されたりしています。とくに数億年というタイムリミットをいかにクリアするかが考えられています。超巨大ブラックホールの形成が成功するにせよ失敗するにせよ、今後くわしくわかってくるものと期待されます。

もう一つの有力な説は、ガスを吸い込むことでブラックホールが成長するというものです。クェーサーの正体が超巨大ブラックホールとそれを取り巻くガス円盤と考えられることは、前章で解説しました。つまり、クェーサーの超巨大ブラックホールがガスを吸い込んでいることは紛れもない事実です。ひたすらガスを吸い込み続けて大きく成長したのか、途中で合体を起こしたのか、超巨大ブラックホールに成長するまでの歴史はわかりませんが、多かれ少なかれガスの吸い込みがブラックホールの成長を促進したことは間違いないと考えられます。そこで、ここからはガスの吸い込み仮説に基づいて超巨大ブラックホールの成長をくわしく解説することにします。

## 光の力がガスの吸い込みを妨げる？

ブラックホールは周囲のガスを吸い込みます。吸い込むことで質量が増加し続けますので、いつかは巨大なブラックホールができるでしょう。しかし、それでは問題の解決にはなりません。すでに述べたように、クェーサーは宇宙年齢数億年の宇宙に存在するという事実があります。この事実を説明するには、ブラックホールが急速に太らなければならないのです。ガスの早食いが必要なのです。

ブラックホールはいくらでも早食いができるのか？　これが超巨大ブラックホールを数億年という短い時間に作れるか否かを左右します。この問いかけに対し、「早食いには限界がある」と答えるのがエディントンの理論です。エディントンという名前を覚えていますか？　そうです。一般相対論が予言する光の曲がりを証明し、またチャンドラセカールと激しい論争を繰り広げたあのエディントンです。エディントンはそもそもブラックホールの存在を信じていませんでしたので、ブラックホールのガスの吸い込みを研究したわけではありません。しかし、エディントンは天文学において多くの偉大な業績を残しており、彼の星の理論をブラックホールに適用すると、ブラックホールの早食いには限界があるという結論が得られるのです。彼の理論が真実であれば、ブラックホール質量の増加速度には限界があり、数億年というタイムリミットのうちに超巨大ブラックホールまで成長することはできなくなります。これは大問題です。それでは、エディントンの理論について考えましょう。

第3章で大まかに説明したように、ブラックホールがガスを吸い込むと、ガスの重力エネルギーが光エネルギーに変換されます。ブラックホール天体が明るく輝く理由がこれでした。どれだけ明るく輝くのか、それは単位時間当たりに吸い込むガスの量、つまり早食いの程度に関係します。

図5―2の下を見てください。単位時間当たりに吸い込むガスの量が小さい、つまり、ブラックホールがあまり早食いせずにゆっくりガスを吸い込むと、わずかに輝くことになります。ガスの量が少ないということは、それだけ使える重力エネルギーの総量が少なく、結果として生成される光エネルギーも少ないからです。

では、ブラックホールがもっと急速にガスを吸い込むとどうなるでしょうか（図5―2中）。当然ですが、より明るく輝くことになります。もっともっと急速にガスを吸い込むと、さらに明るく輝くことになります。ここまではご理解いただけると思います。それでは、この調子でいくらでも急速にガスを吸い込むことができるのでしょうか？　エディントンの理論は、早食いには

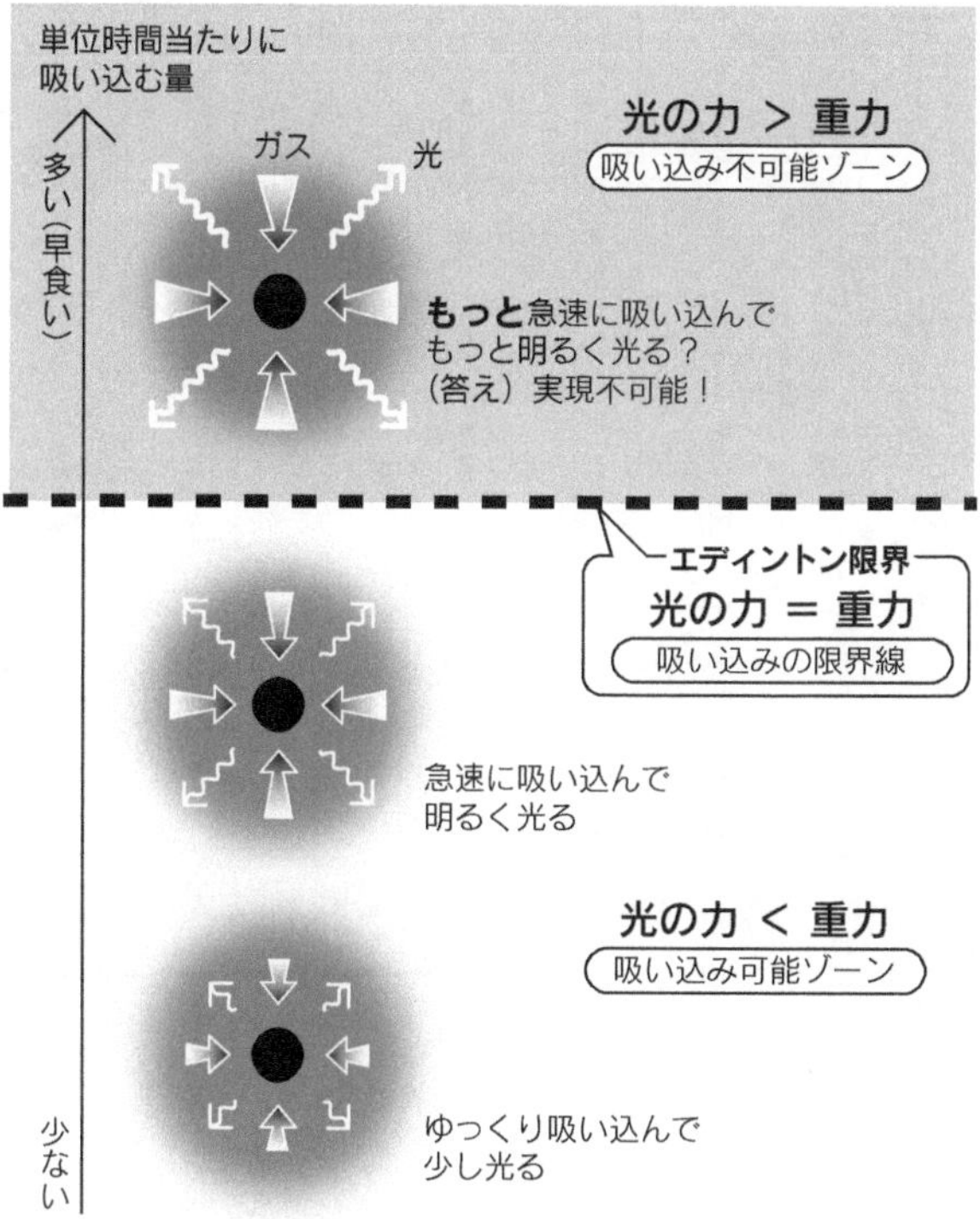


図5―2　エディントン限界

上限があり、それ以上に急速にはガスを吸い込むことができないと結論づけています（図5―2上）。その理由は光の力にあります。

私たちが日常の生活で感じることはほとんどありませんが、光は「力」を働かせることができます。サッカーのキーパーを想像してください。キーパーが敵選手の強烈なシュートを受け止めると、キーパーはボールの勢いを受けて後ろに押されます。バレーボールであれば、鋭いスパイクをレシーブした選手はボールの勢いで後ろに押されます。このときキーパーやレシーバーが力を受けていることはイメージできると思います。では、これらの例でボールを光に、キーパーやレシーバーをガスに置き換えてください。光がガスに当たると、ガスは光の向きに力を受けるのです。私たちが太陽の光を浴びるとき、温かいと感じることはあっても力を受けて押されると感じることはありませんが、これは太陽の光がさほど強くないからです。ブラックホールの周辺では膨大な量の光が発生しますので、光の力が無視できなくなるのです。

それではもう一度、図5―2を見てください。ブラックホール周辺で発生した光は、ガスに当たりながら外側に向かって飛んでいきます。したがって、光の力はガスを外向きに押します。ブラックホールの重力は内向きにガスを引っ張りますので、光の力は重力に対する反発力となるわけです。

ブラックホールがガスをゆっくり吸い込むとき（単位時間当たりに吸い込むガスの量が少ないとき）は、さほど明るく輝かないので光の力はたいして強くなりません（図5―2下）。重力が勝つことになり、ガスはブラックホールの重力に引かれて落下します。ブラックホールが急速にガスを吸い込むほど、明るさは徐々に増大し、光の力が強くなってきます。それでも重力が勝っているうちは大きな問題にはなりません（図5―2中）。

問題となるのは、ブラックホールが非常に急速にガスを吸い込み（単位時間当たりに吸い込むガスの量が非常に大きい状況）、光の力が重力と拮抗するか、もしくは凌駕する場合です（図５—２上）。光の力と重力が釣り合うと、もはやガスはブラックホールに落下しません。また、光の力が重力より強くなると、ガスは外向きに吹き飛ばされてしまいます。これではブラックホールがガスを吸い込むことはできません。ブラックホールによるガスの早食いには、光の力が重力を超えてはいけないという上限があるのです。この上限がエディントン限界です。すなわち、単位時間あたりに吸い込むガスの量の上限値です。また、このときの限界の明るさ（重力＝光の力となる明るさ）をエディントン光度といいます。

## エディントン限界とブラックホールの成長

それではエディントン限界についてもう少し調べて、ブラックホールの成長がどうなるのかを考えてみましょう。

光の力が重力と釣り合う状況（重力＝光の力）、これがエディントン限界でした。重力の強さはブラックホールの質量に比例します。そして、光の力は単位時間当たりに吸い込むガスの量（早食いの程度）に比例します。つまり、ブラックホールの質量が大きいほど強い光の力に耐えられるので、単位時間当たりに多くのガスを吸い込むことが許されるのです。エディントン限界は、ブラックホールの質量と比例関係にあるのです。実際に計算すると、10倍の太陽質量を持つ恒星質量ブラックホールのエディントン限界は、1秒間に1・4×$10^{18}$グラムです。10億倍の太陽質量を持つ超巨大ブラックホールは、恒星質量ブラックホールより1億倍も急速にガスを吸い込むことができます。エディントン限界は1秒間に1・4×$10^{26}$グラムです。数値が大きすぎてピンとこないかもしれませんが、わずか半年で太陽1個分のガスを吸い込むことに対応します。細かい数値を覚える必要はありませんが、エディントン限界がブラックホールの質量に比例するという関係は、ブラックホールの成長に関して重要な意味を持ちますので覚えておいてください。

それでは、仮にちょうどエディントン限界の状態でガスを吸い込みながら、恒星質量ブラックホールが超巨大ブラックホールへと成長していくとしましょう。ブラックホールの質量が小さい初期段階では、エディントン限界も小さいのでブラックホールの質量はゆっくり増えることになります。ブラックホールの質量が大きくなるにつれて、エディントン限界も大きくなります。つまり、初期段階と比べ急速にガスを吸い込むことができるようになるのです。したがって、ブラックホールの質量は最初にじわじわと増加し、後半になると急激に増加することになります。ブラックホールの質量の変化をグラフにすると図5─3のようになります。前半はゆっくり、後半は急激に成長する様子がよくわかると思います。

もう少し正確に知りたい方は、図5─3に示した微分方程式を解いてください（高校数学のレ

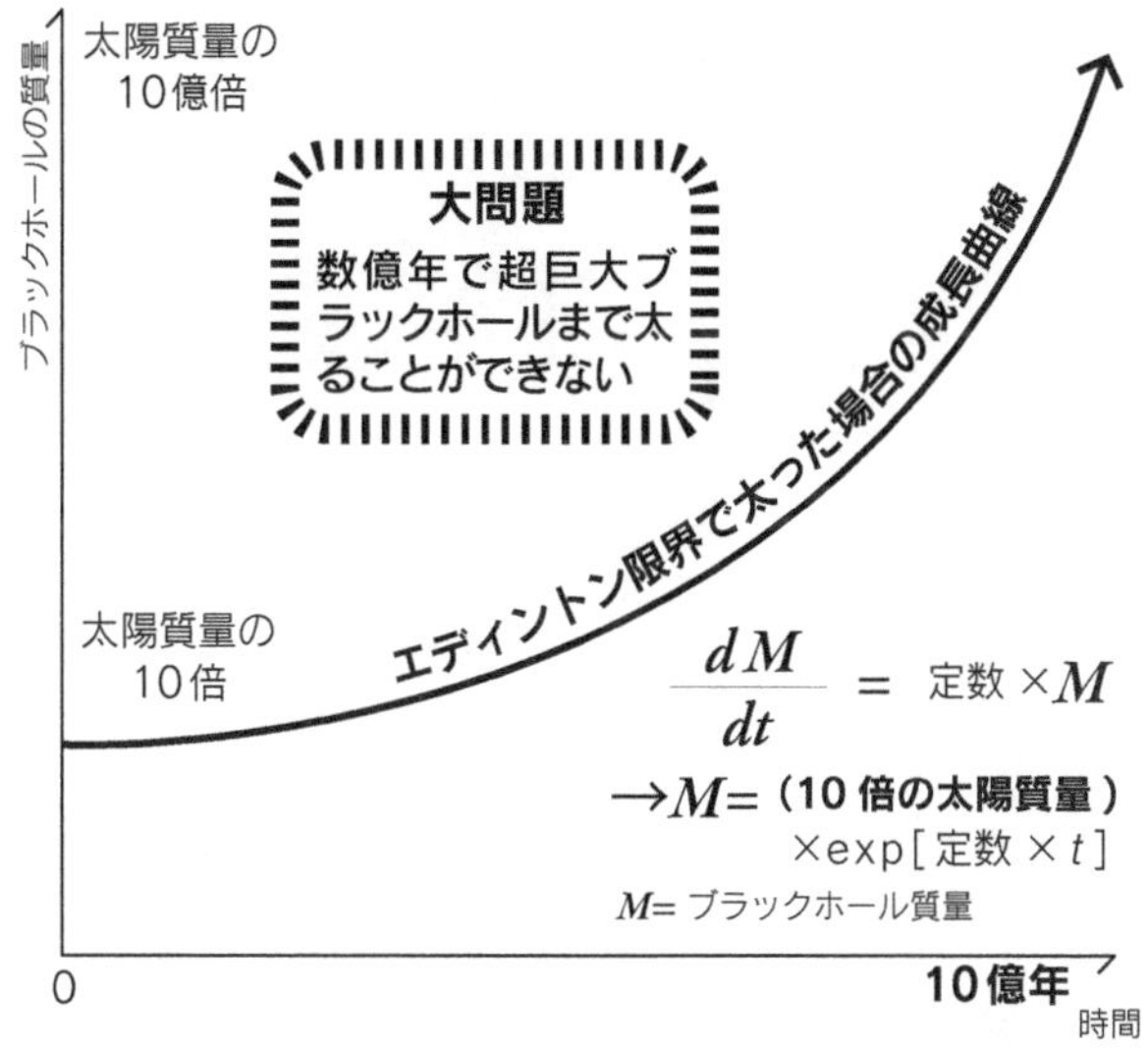


図5―3　エディントン限界でのブラックホールの成長

ベルだと思います）。指数関数的にブラックホールの質量が増加することが導出できます。

この結果を用いて10倍の太陽質量を持つ恒星質量ブラックホールが、10億倍の太陽質量を持つ超巨大ブラックホールへと成長する時間を調べると、タイムリミットである数億年ではギリギリ間に合わないという結論が得られます。エディントン限界は、ブラックホールが単位時間当たりに吸い込めるガスの量の最大値ですから、これ以上に急速に成長することはできません。また、実際の宇宙ではエディントン限界ぴったりで何億年もガスを吸い込み続けるような理想的な状況にはならないでしょう。どうやら、エディントン限界があるかぎり、ガスの吸い込みでクェーサーの超巨大ブラックホールを作るには時間が足りないのです。

## エディントン限界を超えて

さて、ではエディントン限界は本当に限界なのでしょうか? これを打ち破らないかぎり、ガスの吸い込みで超巨大ブラックホールを作ることはできません。「エディントン限界を超えることができるのか?」。ガスの吸い込みによる超巨大ブラックホール形成が可能か否かは、この答えにかかってきました。エディントン限界は、光の力が重力より強くなってしまってはガスの吸い込みができないという至極まっとうな理屈から導かれています。したがって疑問の余地がないように思えるかもしれません。しかし、まだ可能性が残っています。それは、ガス円盤からのガスの吸い込みです。

図5—4の左を見てください。明言していませんでしたが、ここまでの議論ではブラックホール周囲のガス分布がこのように球対称であることを仮定していました。ブラックホールにどの方向からもまんべんなくガスが落下し、発生した光もすべての方向に等しく飛んでいくという状況を想定していたわけです。

しかし、ブラックホールに引きつけられたガスはガス円盤を形成し、円盤を通してブラックホ

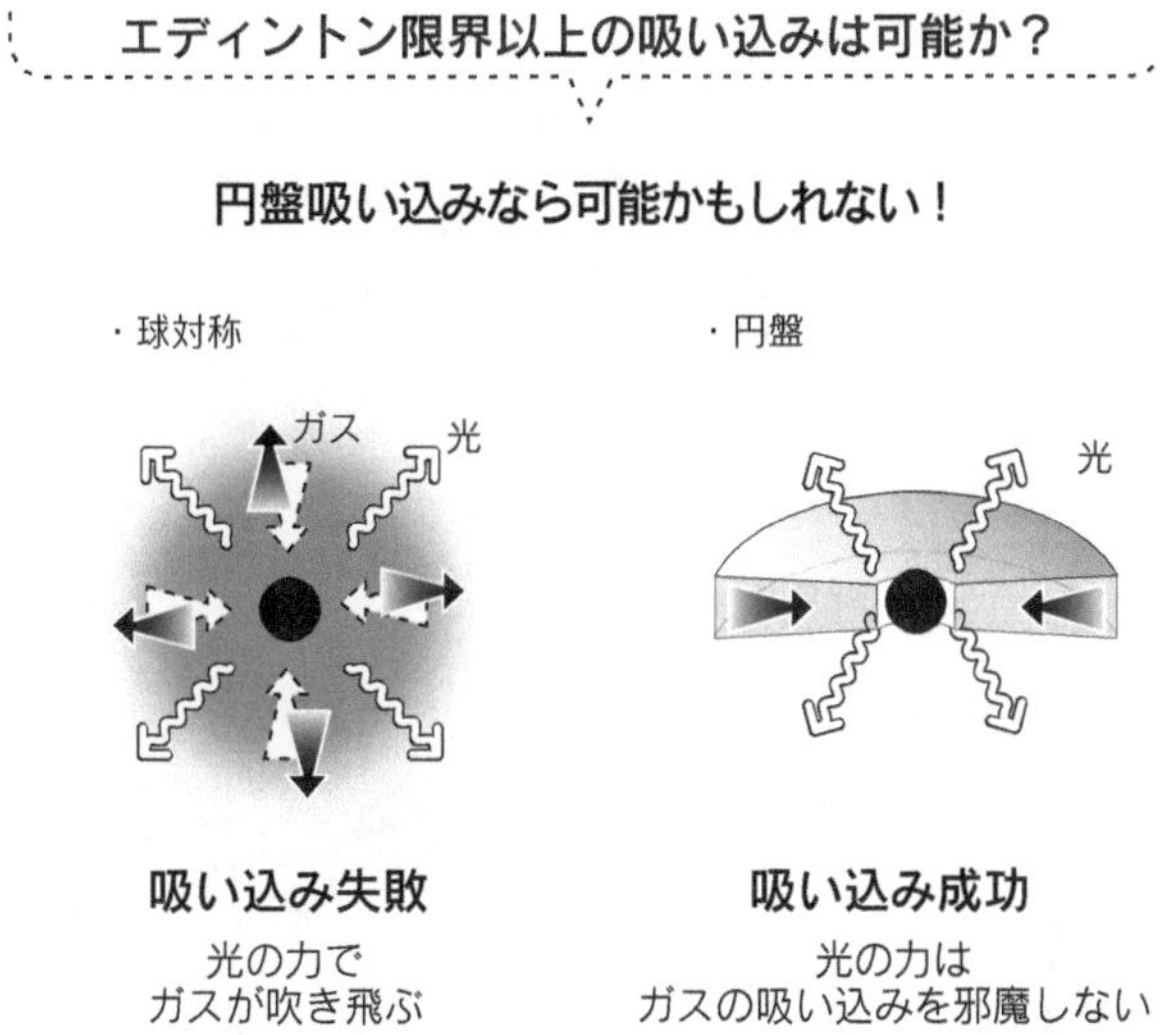
エディントン限界以上の吸い込みは可能か？
円盤吸い込みなら可能かもしれない！
・球対称
・円盤
ガス
光
光
吸い込み失敗
光の力で
ガスが吹き飛ぶ
吸い込み成功
光の力は
ガスの吸い込みを邪魔しない

図5—4　円盤からのガスの吸い込みでエディントン限界を超えられるか？

ールに吸い込まれると考えるほうが自然です。球ではなく円盤の形ならば、あるいはエディントン限界を打ち破ることができるかもしれません。光の力がガスの吸い込みを妨げない可能性があるからです。

図5—4の右はその理想的な状況を示しています。ブラックホールはガス円盤のガスを吸い込んでいます。図では左右からガスがブラックホールに流れ込みます。そのとき光が発生しますが、その光が円盤の上下方向に飛ぶとすればどうでしょう。光の力はガスが円盤からブラックホールへ落下するのを妨げません。エディントン限界以上にブラックホールがガスを吸い込み、膨大な量の光が発生し

ても、光の力がガスの吸い込みを止めることはないのです。

このようにエディントン限界を超えたガス円盤を「超臨界円盤」と呼びます。しかし、本当にそのようなガス円盤が存在するのでしょうか。ガス円盤で実際に光が発生するのは円盤の内部です。円盤の表面で光が発生するのであれば、円盤のガスに当たることなく上下方向に飛んで行ってくれるでしょうが、そうではないのです。円盤内部で発生した光は、円盤のガスに当たりながら上下方向に進みます。また、横方向に進む光もあるでしょう。とするとガスは光の力を受けることになります。超臨界円盤は空想上の産物にすぎず、実際にはガスは吹き飛ばされてしまうかもしれないという懸念があるのです。

超臨界円盤が実現可能かどうかは、ガス円盤の理論が登場した1960年代後半から1970年代以降、長期にわたって議論されてきました。しかし結局、その答えはわかりませんでした。この問題を解くには、ブラックホールの重力や光の伝搬を計算しつつ、ブラックホール周囲のガスの運動を解かなければなりません。これがきわめて難解な計算なのです。あまりに複雑な計算のため、紙と鉛筆で解くことは不可能です。計算を可能にした唯一の手段が、コンピュータ・シミュレーションでした。

コンピュータ・シミュレーションは計算機の性能向上とともに大きく発展してきた手法です。これを駆使することで、さまざまな天体現象において多大な成果を上げてきました。しかし、光

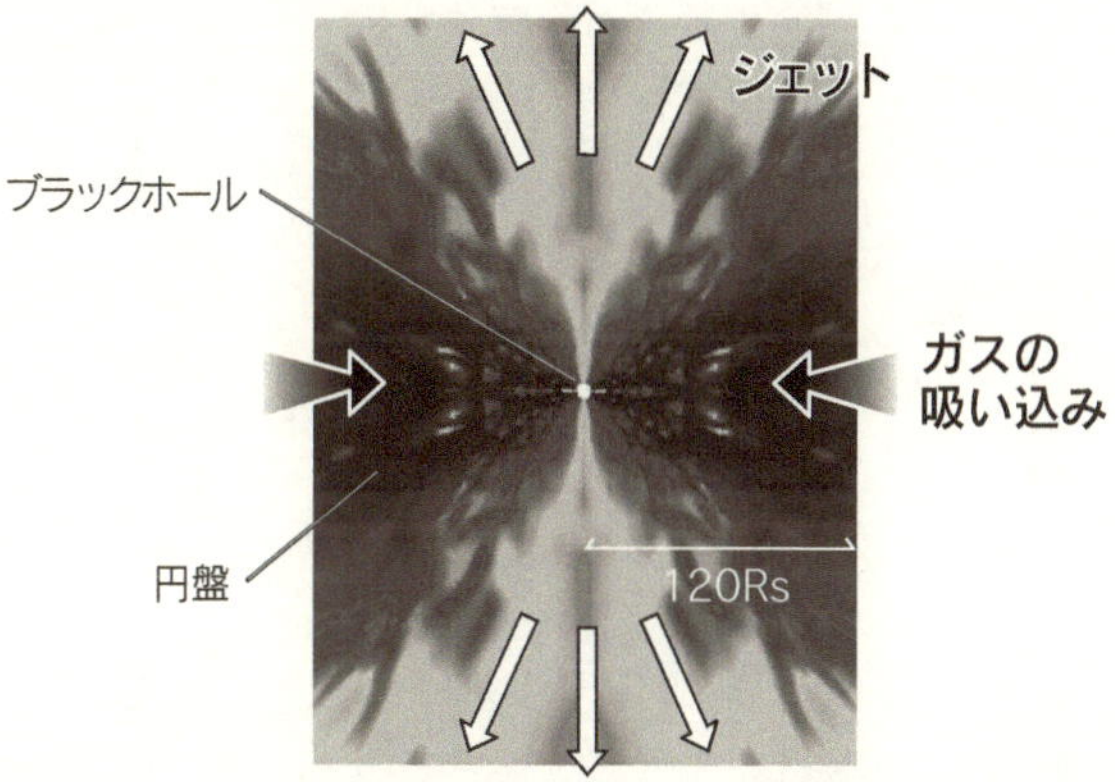


図５―５　コンピュータ・シミュレーションで再現した超臨界円盤の断面図（Ohsuga et al. 2005を改変）

の伝搬や光とガスの相互作用を正しく解く必要のある超臨界円盤のシミュレーションは、さらに高度な研究課題でした。それが近年になって、ようやく可能となったのです。

大規模なコンピュータ・シミュレーションを駆使し、世界で最初に超臨界円盤が実現可能であることを示したのが、筆者らのグループです。われわれは、ブラックホールから十分離れた地点から、ブラックホール近傍にガスを流し込み、超臨界円盤が形成されるか否か、ブラックホールがエディントン限界以上でガスを吸い込むか否かを調べました。その結果、超臨界円盤が形成され、エディントン限界を超えてブラックホールがガスを吸い込むことを実証したのです。２００５年のことでした。

図５―５は結果の一例を示したもので、超臨界円盤を真横から見た断面図です。ブラックホールは図

の中心に位置しています。スケールに「120$Rs$」とあるのは、$Rs$がシュヴァルツシルト半径のことですので（➡19ページ図1―3）、ブラックホールからシュヴァルツシルト半径のおよそ120倍離れたところまでを描いているという意味です。ブラックホールの左右に広がる、色が比較的濃い部分が超臨界円盤です。ブラックホールから見ると上下に90度くらいに広がっています。円盤といっても平べったくはなく、かなり分厚い形状をしているのです。円盤内部では、ガスが渦巻きながらも徐々にブラックホールに近づき、吸い込まれていっています。どれだけ吸い込まれているのかを調べてみると、なんとエディントン限界の10倍を超えていました。超臨界円盤によるガスの吸い込みで、エディントン限界を打ち破ることができたのです。また、円盤表面からはガスが高速で噴出することもわかりました（図5―5ではブラックホール上下の色のうすい領域）。超臨界円盤の明るさはエディントン光度を超えています。強い光が上下方向に放射されるので、光の力でジェットが発生するのです。超臨界円盤はジェットを吹き出しながらも、大量のガスをブラックホールに流し込むわけです。

## ブラックホールの急速成長

さて、超臨界円盤からのガスの吸い込みで、エディントン限界を打ち破ることができることがついに実証されました。この結果により、ブラックホールの成長の様相が変わります。これまで

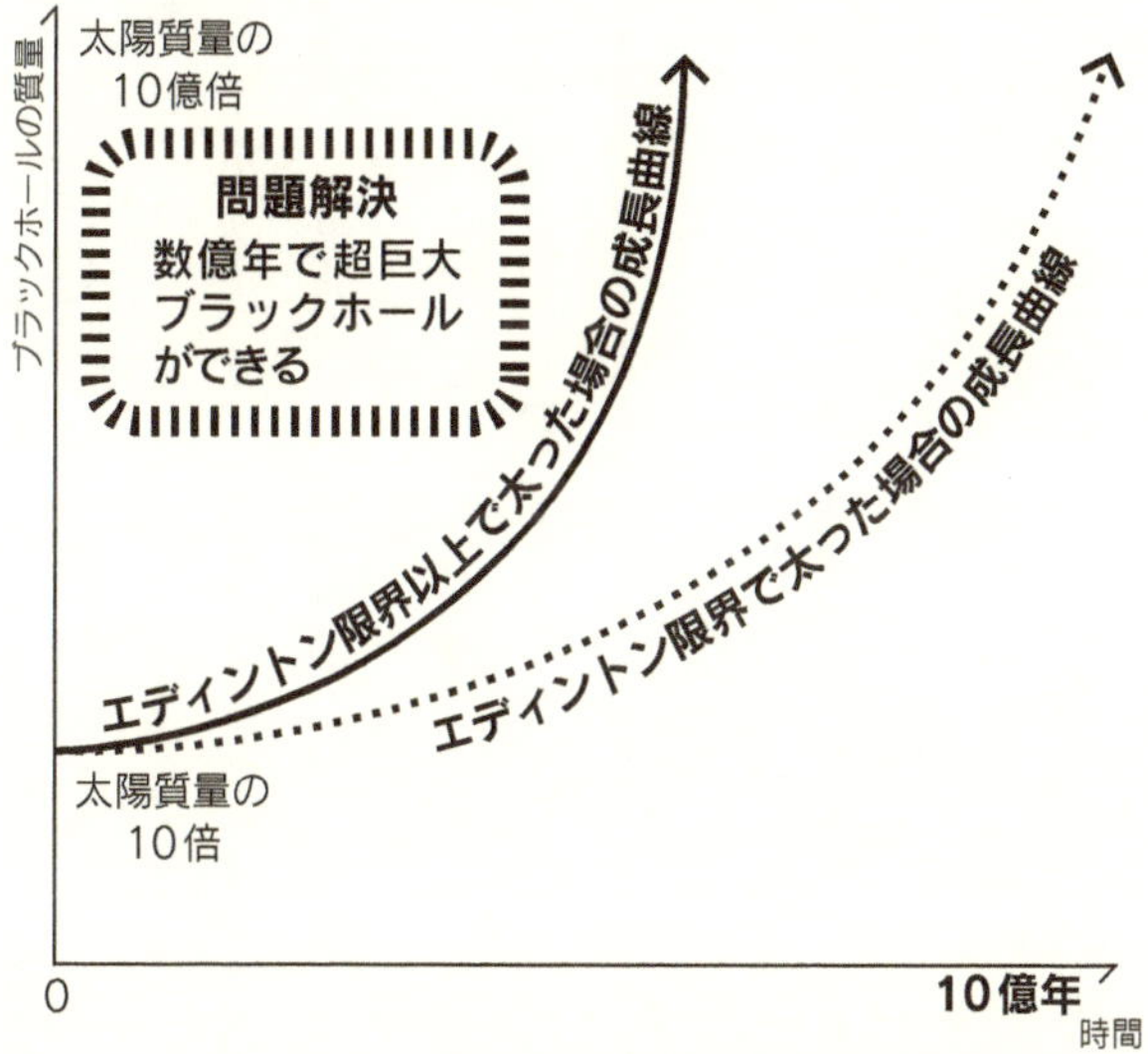


図５―６　エディントン限界以上でのブラックホールの成長曲線

はエディントン限界という上限値があったため、数億年という期間の間に超巨大ブラックホールを作ることができませんでした（↓127ページ図５―３）。しかしエディントン限界の10倍以上でガスを吸い込むことができれば、ブラックホールの急速成長が可能となります。

図５―６にエディントン限界でのブラックホールの成長曲線（図５―３と同じ）と、エディントン限界以上でのブラックホールの成長曲線を示しました。エディントン限界を打ち破ったことにより、数億年という短い時間で、恒星質量ブラックホールから超巨大ブラックホールへの進化が可能になったことがわかります。

しかし、これで超巨大ブラックホールの形成問題がすべて解決したわけではありません。これだけでは、銀河の中心領域に大量のガスが供給されれば、ブラックホールはエディントン限界を超えて急速に成長できるということがわかっただけです。本当に大量のガスが銀河の中心に供給されるのか？　そのメカニズムは何か？　こういった問題が残されているのです。エディントン限界を打ち破ることができるという結果は、あくまで一つの困難を乗り越えたにすぎないのです。

また、本当に超臨界円盤が超巨大ブラックホールの成長を引き起こしているのかを、実際に観測して確かめる必要があります。そのためには、クェーサーのように超巨大ブラックホールが完成したシステムではなく、いままさにブラックホールが成長している現場を見つけなくてはなりません。成長途上にある〝赤んぼう〟のクェーサーを発見しなければならないのです。宇宙の観測において遠方であることは過去であることを意味しますので、はるか遠方のクェーサーよりさらに遠方の宇宙を観測する必要があります。そのために、世界最大級の望遠鏡であるすばる望遠鏡を長時間利用する計画や、すばる望遠鏡をしのぐ巨大望遠鏡を建設する計画が進められています（第10章で解説します）。これらが実現すれば、超巨大ブラックホールの形成問題に重要な一石を投じることは間違いないと期待されています。

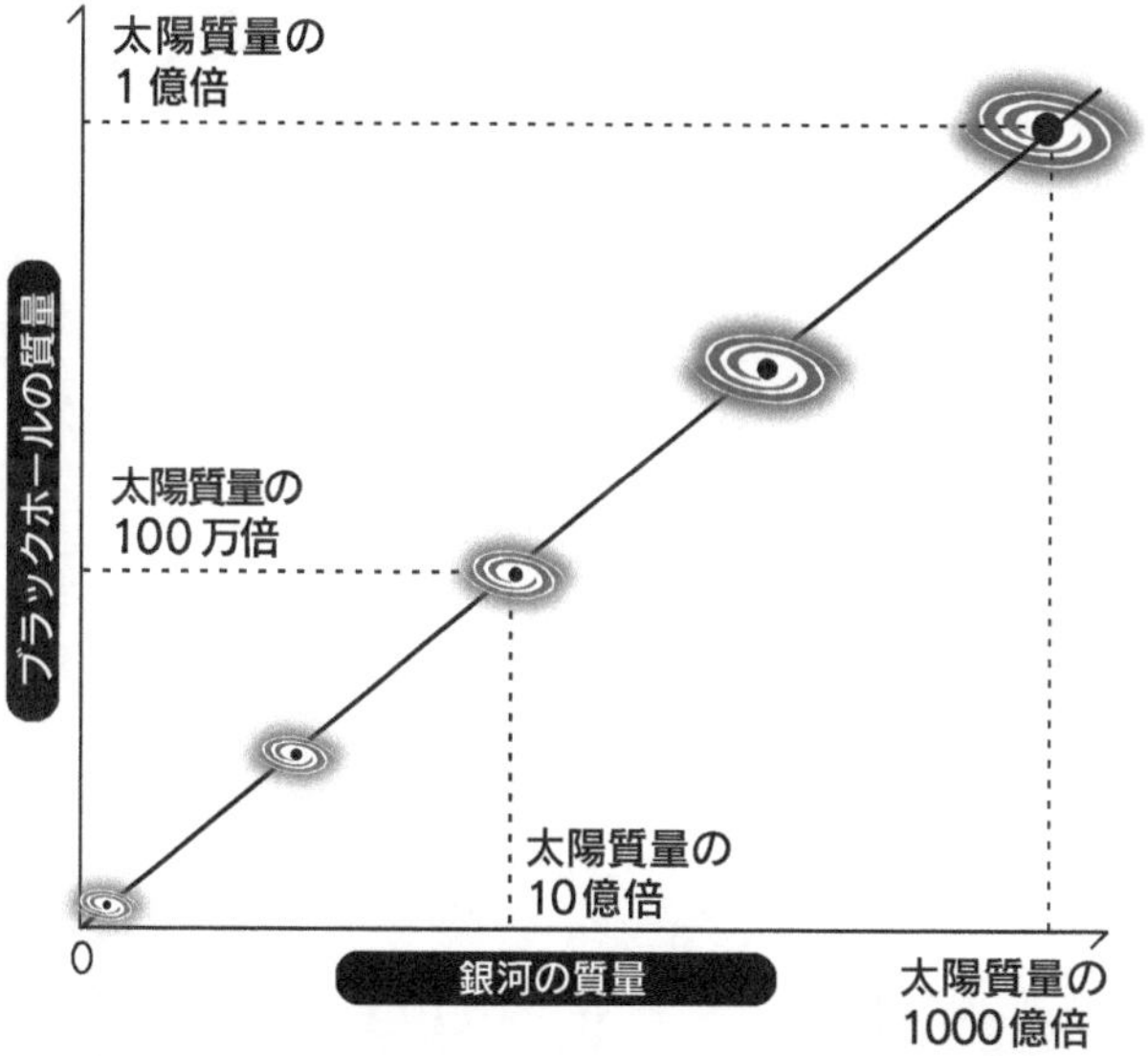


図５—７　銀河の質量とブラックホール質量の相関

## 超巨大ブラックホールと銀河の共進化問題

ところで、近年の観測によって、さらに不思議な事実が浮かび上がってきました。それは銀河の質量と銀河中心の超巨大ブラックホールの質量に相関があるというものです。図５—７のように、重い銀河ほど、その中心に存在するブラックホールの質量が大きいという関係になっているのです。もう少しくわしく言うと、ブラックホールの質量は銀河の質量の約０・１５％に揃っているのです。

この事実は、超巨大ブラックホールの形成問題にさらなる難問を突きつけました。ブラックホールの成長は、そならなくなったのです。大問題が解決する前に次の大問題が見つかるという、天文学者にとってはここまで、いかに急速にブラックホールを成長させるかということが大問題となっていると説明してきました。ところが急速成長に加え、成長を停止させるメカニズムも解明しなければならなくなったのです。大問題が解決する前に次の大問題が見つかるという、天文学者にとっては非常に厳しい事態となっているのです。

また、銀河の質量と超巨大ブラックホールの質量に相関があるということは、超巨大ブラックホールの成長と銀河の進化に、何らかの因果関係があったことを意味しています。銀河の形成・進化と、ブラックホールの成長が無関係であれば、小さめの銀河に非常に重いブラックホールがあったり、大きな銀河の中心に小さなブラックホールが存在したりする状況になってもおかしくないはずです。したがって超巨大ブラックホールと銀河は、お互いに影響を与えながら進化してきたと考えられます。これを超巨大ブラックホールと銀河の「共進化問題」と呼んでいます。

もう少し整理して、何が問題なのかを明確にすると、超巨大ブラックホールといってもそのサイズはたかだか太陽系程度であり、それは銀河全体の数億分の1しかありません。そのような小さな領域に決められた量のガスを送り込み、ブラックホールを成長させなければならない一方で、しかも、ブラックホールの質量が最終的に銀河全体の質量の0・15%になるように微妙に調整されなければならないのです。

この共進化問題は未解決の大問題ですが、いくつかのメカニズムが提案されています。たとえば、銀河の中心領域に送り込まれたガスはすべて中心のブラックホールに吸い込まれてしまうわけではなく、一部が星の材料になるという仮説があります。星は超新星爆発を起こし、周囲のガスの流れに多大な影響を与え、ちょうどよい量のガスがブラックホールへ吸い込まれるというものです。この仮説は国立天文台の川勝望氏（現在は筑波大学）や和田桂一氏（現在は鹿児島大学）によって提案されました。また、星が放出する光が摩擦と同じ効果をガスに与え、ちょうどよい量のガスが銀河の中心領域に送り込まれるというのが筑波大学の梅村雅之氏の説です。

ほかに、ブラックホールからの強力な放射やジェットの影響も注目されています。ブラックホールを取り巻くガス円盤からの放射が、ブラックホールから見ればはるか遠方にある銀河の星間ガスを加熱したり、ガス円盤から吹き出すジェットが星間ガスを押しのけたりすることで、銀河中心に落下してくるガスの量が調整されるというものです。超巨大ブラックホールとガス円盤自身が、落ちてくるガスの量を調整するというわけです。この仮説はシルクとリースによって最初に提案され、世界中でくわしい研究が進められています。

いずれにしても、ガス円盤やジェットの形成メカニズム自体が未解決の問題であるため、まずはそれらを正しく理解することが先決であると言わざるをえません。

ブラックホールと銀河はあまりにもサイズの違う天体であり、これまでは個別に研究されてきました。しかしながら、超巨大ブラックホールと銀河の共進化問題が見出されたため、ブラックホールと銀河の専門家が協力し、ブラックホールと銀河を統合的に扱う研究が始まっています。観測家も巻き込み、この流れは今後の研究の重要な柱となることでしょう。

## BLACKHOLE 5 この章のまとめ

およそすべての銀河の中心には超巨大ブラックホールが潜んでいます。宇宙のはるか彼方にクエーサーが存在するという事実は、およそ数億年という短い期間に超巨大ブラックホールが形成されたことを意味しています。ブラックホールを急速成長させるメカニズムはいまだに謎に包まれていますが、ガスの吸い込みとブラックホールどうしの合体が有力視されています。エディントン限界を打ち破ることが可能であると実証されたガス円盤からのガスの吸い込みは、ブラックホールの急速成長を促す有力なメカニズムとなっています。一方で、ブラックホールどうしの合体による成長も盛んに研究されています。さらに、超巨大ブラックホールの形成は銀河の進化とも関連していることがわかってきました。ブラックホールが急速成長すると同時に銀河も進化し、そしてあるとき超巨大ブラックホールの成長はなぜか止まってしまうと考えられるのです。

超巨大ブラックホールの形成問題、そして超巨大ブラックホールと銀河の共進化問題は、まさに現代天文学の最前線です。

# 第6章

# ガス円盤①　3種のガス円盤

ガス密度が異なるだけで本当に別の円盤が形成されるのか、疑わしいと思われる方もいらっしゃるかもしれません。そこで本章の最後に、筆者らが行った最新のシミュレーション結果を紹介します。（本文より）

第3章で、ブラックホール周囲のガス円盤が光り輝くメカニズムについて簡単に説明しました。ブラックホールの重力に引きつけられたガスは、ブラックホールの周囲を回転するガス円盤を形成し、徐々にブラックホールに吸い込まれます。ガス円盤は内側（ブラックホールに近い側）ほど高速で回転するため、摩擦で高温に加熱され、明るく輝くというメカニズムでした。また、前章では、ガス円盤がブラックホールの成長に重要な役割を果たすこと、さらには超巨大ブラックホールと銀河の共進化問題においてもガス円盤での現象を理解する必要があることを説明しました。この章では、ガス円盤についてより詳細に解説していきます。

ここまでは説明してきませんでしたが、実はガス円盤には、さまざまな種類があると考えられています。前章で登場した超臨界円盤もその一種です。細かく上げればきりがありませんが、大きく分けると3種のモデルが考えられています。ここでは3種のガス円盤の特徴と、なぜ3種に分かれるのか、そのメカニズムについて解説します。

## ガス円盤理論の礎：標準円盤

ガス円盤の理論は1960年代後半から1970年代になってようやく登場しました。長い天文学の歴史を考えれば、新開拓の分野といってよいでしょう。なかでも1973年に発表されたシャクラとスニヤエフの円盤理論は、それまで謎とされていたクェーサーの特徴をみごとに説明したこともあり、世界中で広く信じられるようになりました。彼らの理論はガス円盤研究の礎となり、ブラックホール天文学の発展に大きく寄与してきました。いまでは彼らの円盤モデルを「標準円盤モデル」と呼ぶようになっています。

第3章で説明したように、ブラックホール周囲のガス円盤は、重力エネルギーを解放することで光り輝く宇宙最高性能の重力発電所です。ここではもう一度そのメカニズムを復習しながら、「標準円盤」の特徴を解説します。ここが曖昧のままだと、この章を理解するのが難しくなりますので、自分はわかっていると思われている方ももう一度おつきあいください。

では復習を始めます。図6―1（143ページ）の中央のチャートを見ながら読み進めてください。ブラックホールは、その重力で周囲のガスを引きつけます。はじめ、ガスはブラックホールからはるかに離れた場所に位置しています。そのとき、ガスは重力エネルギーを持っています。ブラックホールに近づくにつれ、ガスは円盤に取り込まれ、そしてブラックホールの周りを周回しはじめます。重力エネルギーの一部が回転の運動エネルギーに変わったことになります。何度も繰り返していますが、回転速度はブラックホールに近づくほど大きくなります。より多くの重力エネルギーが回転の運動エネルギーに変わるからです。次に、ブラックホールに近い部分が高速で回転し、遠い部分が低速で回転するという性質があるため摩擦が発生し、ガスは加熱されます。回転の運動エネルギーが摩擦によってガスの熱エネルギーに変換されたことになります。さらに、加熱されたガスは光を放出します。ガスの熱エネルギーが光エネルギーになるのです。こうしてガス円盤の表面から放射された光が、私たち観測者に届くことになります（観測装置の性能が足りないため、実際にガス円盤の形を見ることはできていません）。

このように、ガスが最初に持っていた重力エネルギーが効率的に光エネルギーにまで変換され、明るく輝く円盤として観測されるのが、標準円盤モデルの特徴です。ただし、明るいといってもエディントン光度を超えることはありません（エディントン光度をお忘れの方は前章をご覧ください）。

図6―1のチャートに示したように、重力エネルギー→運動エネルギー→熱エネルギー→光エネルギーと枝分かれすることなくエネルギーが変換され、最終的に観測者に届きます。

ここでもう一歩、考察を進めましょう。光を放射して明るく輝くということは、円盤の立場から見れば大量の光エネルギーを失うことになります。熱エネルギーを光の放射によって失った円盤は比較的低温になります（といっても温度は数十万度から数百万度以上ありますが）。低温になったガスの圧力は低下します。ガスの圧力は円盤をドーナツのように膨らませようとする働きがありますが、ガスの圧力が低下することによって円盤は薄っぺらな形状になるのです。まさにDVDのような平べったい円盤が標準円盤と考えてください（144ページ図6―2の中段）。その中心にブラックホールがあるというイメージです。ただし、しつこいようですが、ガス円盤はブ

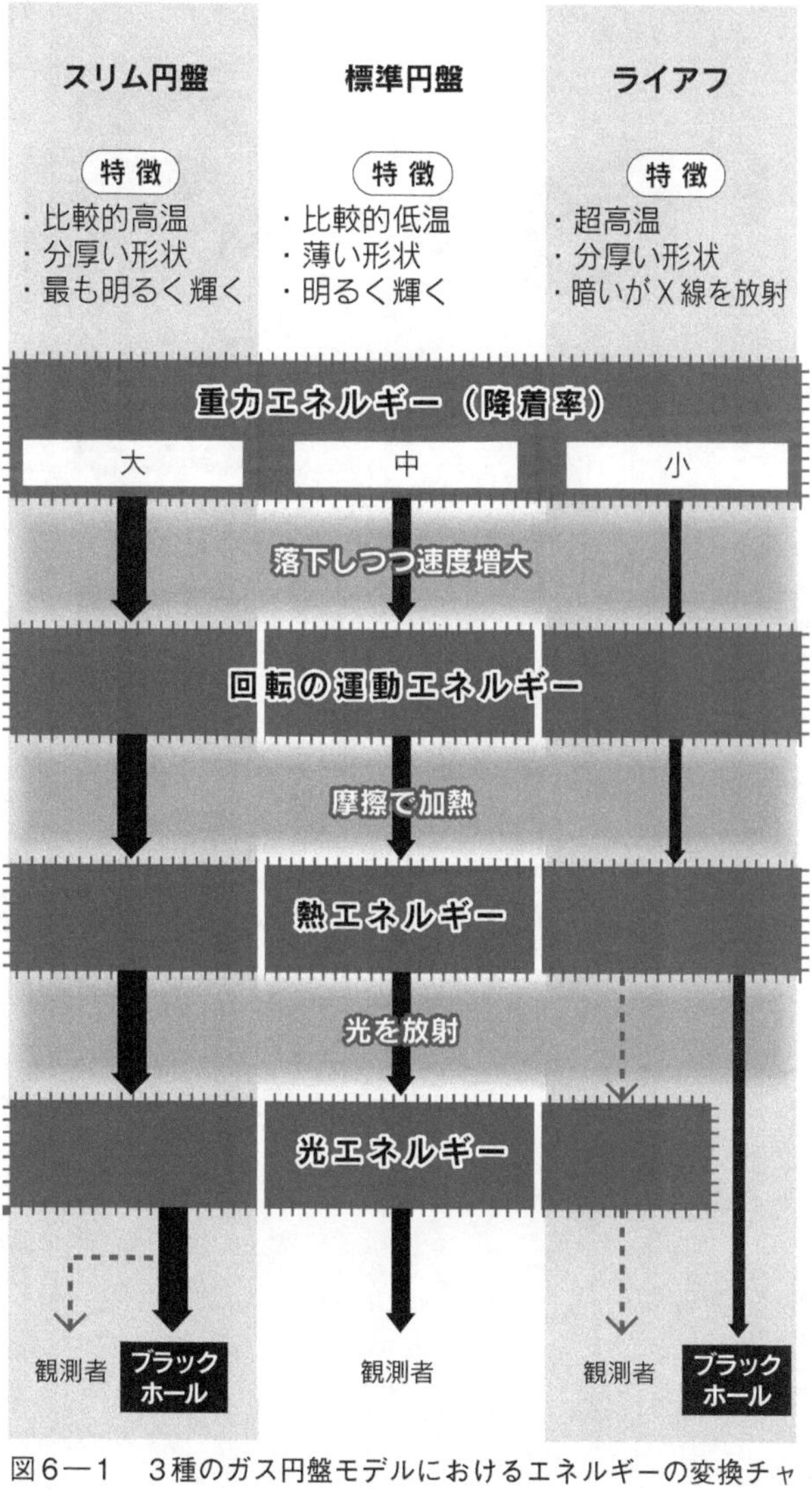


図6―1　3種のガス円盤モデルにおけるエネルギーの変換チャート

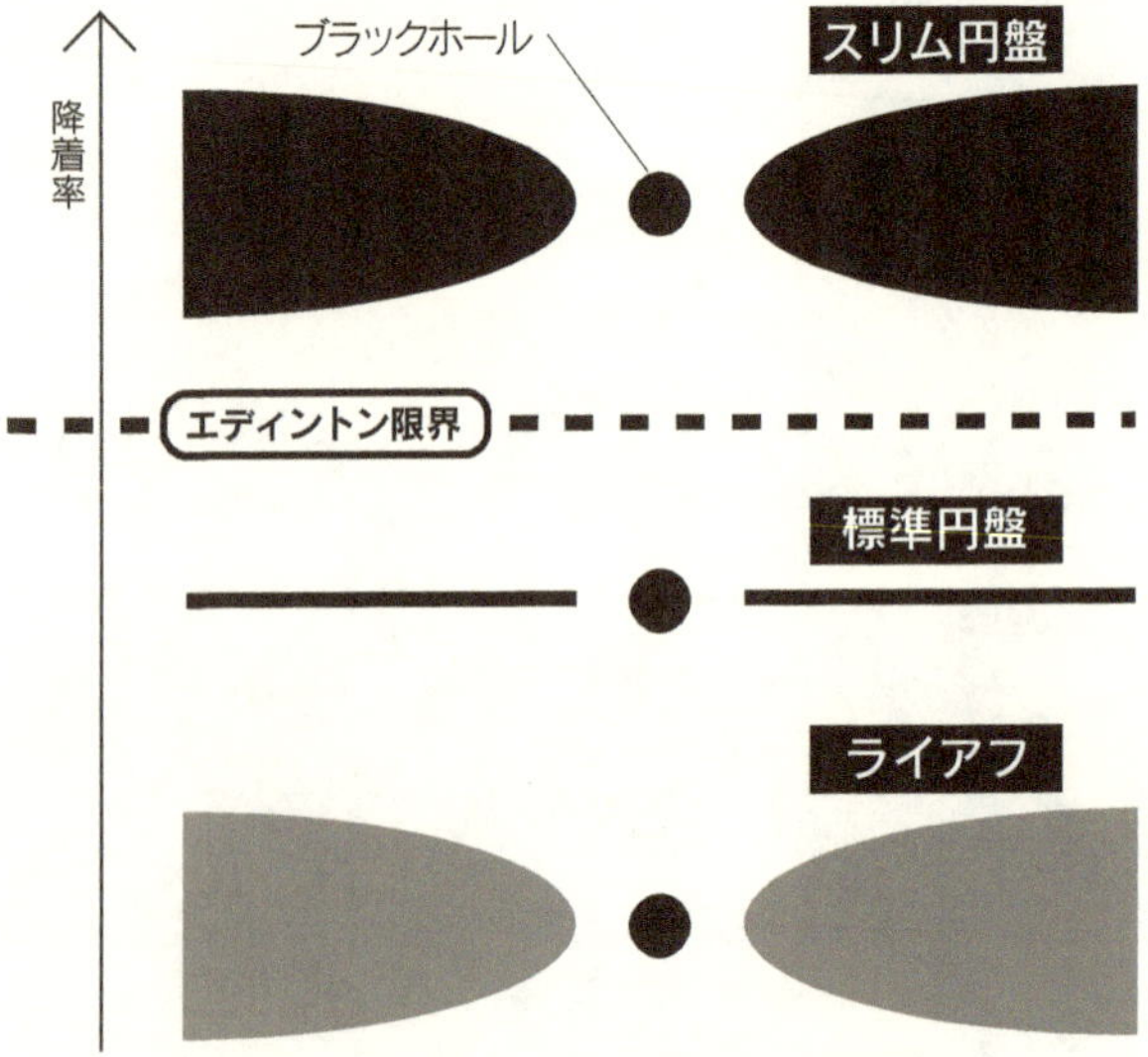


図6－2　3種のガス円盤の概念図（断面図）

ラックホールに近い側ほど高速で回転しているところがＤＶＤと大きく異なる点です。

この標準円盤モデルを超巨大ブラックホールに適用すると、円盤の温度は数十万度となり、主に紫外線で明るく輝くことになります。クェーサーをくわしく観測すると、まさに紫外線領域で非常に明るく輝いていることがわかりました。第4章ではコンパクトで非常に明るいというクェーサーの性質に着目し、超巨大ブラックホールを取り巻くガス円盤がその正体であると述べました。この性質に加え、標準円盤モデルはクェーサーが紫外線によって明るいという特徴までもみごとに説明したのです。こうして標準円盤モデルは、広く世界にその名を轟かせることになったのです。

## 暗くても高エネルギー放射：ライアフ

標準円盤モデルは強力な理論モデルであり、クェーサーをはじめ多様なブラックホール天体の観測事実を大筋で説明することに成功しました。しかしながら、万能というわけではありません。標準円盤モデルは、規格化した質量降着率《こうちゃく》（規格化質量降着率→意味はすぐあとで説明します！）がある有限の範囲に収まっている場合のみ有効な理論であることがわかってきたのです。規格化質量降着率がきわめて小さいと標準円盤モデルは破綻し、代わりに「ライアフ」と呼ばれる円盤が形成されると考えられるようになりました。ライアフ（ＲＩＡＦ）は英語のRadiatively Inefficient Accretion Flowの頭文字を取ったもので、日本語に訳せば放射非効率降着流となります。要するに、あまり放射をしない暗い円盤なのです。

規格化質量降着率とは、ブラックホールが単位時間あたりに吸い込むガスの質量をブラックホールの質量で割った値です。具体例をあげると、10倍の太陽質量のブラックホールが1秒間に1グラムのガスを吸い込んだときと、１００万倍の太陽質量のブラックホールが1秒間に10万グラムのガスを吸い込んだときが同じ値となります。規格化質量降着率は、平たく言えばブラックホールがガスを早食いする能力を比べる指標です。単純に単位時間あたりに吸い込むガスの量で比べると、恒星質量ブラックホールより超巨大ブラックホールが圧倒的に有利になってしまいます。柔道やボクシングで階級を分けて体重差による有利不利が生じないようにしているように、ブラックホールの早食い競争では、吸い込むガスの量をブラックホールの質量で割ることで体重による格差が出ないようにするのです。以後、この規格化質量降着率を単に「質量降着率」もしくは「降着率」と表記しますのでご注意ください。

大雑把に言うと、円盤のガス密度が小さい状況では、その分だけ質量降着率が小さくなります（厳密には、降着率はガス密度と落下速度の積なのですが、ここではガス密度の大小に焦点を当てます）。これは重要なポイントなので忘れないでください。はくちょう座X－1のようにブラックホールと恒星が連星を成している場合、恒星からはぎ取られたガスが円盤を経由してブラックホールに吸い込まれます。よって、恒星からはぎ取られるガスの量が少ない場合、円盤に供給されるガスの量も少なくなり、結果として円盤のガス密度もブラックホールへの質量降着率も小さくなるのです。銀河中心に潜む超巨大ブラックホールの場合でも同様です。銀河本体から銀河中心部にある円盤に供給されるガスの量が少ないと、ガス密度の小さい円盤が形成され、質量降着率も小さくなります。このような状況でライアフが現れるのです。

それでは、円盤のガス密度が小さいという事実を念頭に置いてライアフで何が起こるのか調べていきましょう。143ページ図6－1の右のチャートを見てください。ライアフでもエネルギーの根源はガスの持っている重力エネルギーです。ブラックホールに近づくにつれてガスの回転速度が増していき、そして摩擦によって、ガスが加熱されます。重力エネルギーが回転の運動エネルギーへ変換され、さらにガスの熱エネルギーへ変換されるというところまでは、標準円盤モデルと同様です。

ここからライアフの特徴が現れます。ライアフはガスの熱エネルギーを効率よく光エネルギーに変換することができないのです。図６―１（右）では熱エネルギーから光エネルギーへの矢印が点線になっています。ほんのわずかな熱エネルギーしか光エネルギーに変換できないことを意味しています。なぜこのようなことが起こるのでしょうか？　その答えは、円盤の密度が低いからです。

熱エネルギーを光エネルギーに変換するには、円盤内部のガスが光子を放出しなければなりません。光子は陽子と電子が出会うことで生み出されるのです。陽子はプラスの電荷を持っています。一方、電子はマイナスの電荷を持っているので、陽子の近くを通過する際に引きつけられ、軌道が曲がります。このとき、光子が発生するのです。これが「制動放射」と呼ばれる光子生成メカニズムです。ほかにも光子生成のメカニズムはありますが、ここでは最も主要なメカニズムの一つである制動放射に焦点を当てます。標準円盤はガス密度が十分高いため、陽子と電子は頻繁に出会うことができ、効率よく光子が生成されます。しかし、密度の低いライアフでは陽子と電子はごく稀にしか出会うことがなく、少量の光子しか生成されないのです。密度が低いために熱エネルギーを光エネルギーに変換する効率が悪い円盤、これがライアフなのです。ですから、暗い円盤として観測されることになります。

ライアフが暗い理由はもう一つあります。図6―1を見て気づいた読者の方もいらっしゃると思いますが、ライアフのチャートには重力エネルギーが「小」と記してあります。そもそも質量降着率が小さいということは、ガスが持っている重力エネルギーの総量が少ないということを意味しています。なぜなら、一つ一つのガス粒子が持っている重力エネルギーが標準円盤モデルと同じだとしても、ガスの総量が少ない分、重力エネルギーの総量も少なくなるからです。重力エネルギーの総量が少ないという基本的に不利な状況に加え、さらに光エネルギーへの変換効率が悪いのですから、非常に暗くなってしまうわけです。

では、もう一歩踏み込んでライアフの性質を調べてみましょう。

熱エネルギーをわずかしか光エネルギーに転換しないということは、円盤の立場になってみればエネルギーの損失が少なく、摩擦で得た熱エネルギーを十分に保持していることになります。したがって、ライアフはきわめて高温になるのです。その温度は10億度を超えます。この超高温のためガスの圧力は大きくなり、円盤は膨らむことになります。円盤というより、ドーナツのような形状を思い浮かべたほうが正解に近いでしょう（144ページ図6―2の下）。また、超高温のガスは高エネルギー光子を生み出します。少量の光子しか生成されないことはすでに述べましたが、光子一つ一つが持つエネルギーは高いため、Ｘ線やガンマ線として観測されることになるのです。

ライアフは標準円盤モデルでは説明できない高エネルギー放射を説明できる円盤モデルとして脚光を浴びました。近傍の銀河であるＭ87をはじめ、いくつもの銀河の中心部から標準円盤モデルでは説明できない高エネルギー光子が飛来していることがわかってきたからです。はくちょう座Ｘ－１からも、ライアフと考えると解釈しやすい放射が観測されています。また、いて座の方向にある銀河系の中心部、いて座Ａ*（↓113ページ）にも、４００万倍の太陽質量を持つ超巨大ブラックホールとそれを取り巻くライアフが存在すると予想されています。

話はそれますが、ライアフは１９９４年に発表されたナラヤンとイーの論文によって有名になりました。しかしながら、東京大学の一丸節夫氏が１９７７年に発表した論文で、すでに同等の成果が示されていたことがわかりました。あまりに先取りの研究だったため重要性が認識されず、見落とされてしまったものと思われます。残念なことに、いまでも一丸氏の業績を知らない研究者はたくさんいます。私も年配の研究者に指摘されて初めてこの事実を知ったので偉そうなことは言えませんが、今後少しずつ正していく必要があると思っています。

## エディントン限界を超えた円盤：スリム円盤

ライアフとは逆に、質量降着率がきわめて大きな場合も、標準円盤モデルは破綻してしまいます。どの程度大きくなると破綻するかというと、降着率がエディントン限界に近い、もしくはそれ以上になるときです。

エディントン限界は前章でくわしく解説したので、ここでは簡単に復習します。ブラックホールへの降着率が大きくなると、放射される光が強くなり、重力と光の力が拮抗します。光の力がガスの落下を妨げるので、球対称のガスの流れではこれ以上に降着率が大きくなることはできません。こうして導かれる降着率の上限値がエディントン限界でした。

しかし球対称ではなく、円盤からのガスの吸い込みを考えると、エディントン限界を超えることができます。このときの円盤が超臨界円盤であり、それが実現可能であることを最近の筆者らによるコンピュータ・シミュレーションが示したことも前章で述べました。

ところが、実はエディントン限界を超える簡易的な円盤モデルはそれ以前からあったのです。これは「スリム円盤モデル」と呼ばれています。前章で説明したように、超臨界円盤を正しく調べるためには難解な計算が必要なのですが、それを避けるためにきわめて簡単化したスリム円盤モデルを構築し、議論が進められていたのです。実現可能かどうかもわからない円盤モデルを使うなんて、天文学者はいいかげんな連中だと思われるかもしれませんが、それほどまでに難解な計算が必要であったということでご理解いただきたいと思います。

こういった事情から、ここではスリム円盤という名称を使います。正確なのが超臨界円盤で、ジェットを無視するなどした簡易モデルがスリム円盤と考えてもいいですし、面倒であれば超臨界円盤の別名がスリム円盤と思ってもかまいません。

スリム円盤は降着率および密度が非常に大きな円盤です。これが標準円盤とスリム円盤の違いの原因となります。密度が非常に大きいということを忘れずに、143ページ図６―１の左のチャートを見ていきましょう。

スリム円盤では、重力エネルギー→運動エネルギー→熱エネルギー→光エネルギーと効率的にエネルギーが変換されます。ここまでは標準円盤モデルと同じです。ライアフでは熱エネルギーから光エネルギーに変換するところでエネルギー変換が滞ってしまいましたが、スリム円盤の密度は十分に高いのでそのような事態にはなりません。陽子と電子は頻繁に出会うことができるからです。

しかし、光エネルギーまでエネルギー変換が進んだあと、スリム円盤独特の現象が起こります。「光子捕獲」と呼ばれる現象です（図６―３）。少々込み入ってはいますが、イメージさえつかんでしまえばさほど難しい現象ではありませんので安心してください。

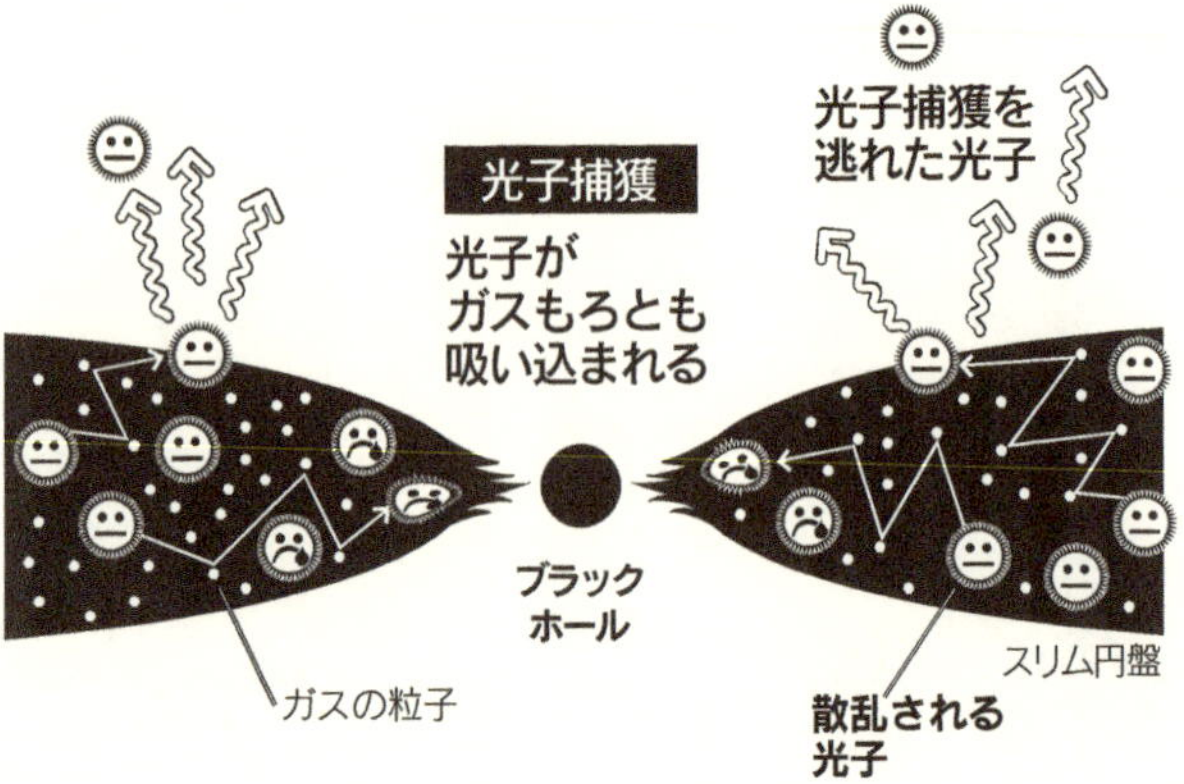


図6—3　光子捕獲の概念図

円盤内部で発生した光子は、いきなり円盤から飛び出すわけではありません。実は、何度も何度も散乱を受けながら円盤表面に到達し、脱出しなければならないのです。この様子はパチンコを想像するとイメージしやすいと思います。パチンコ玉は釘に何度も何度も弾かれながら、少しずつ下に落ちてきます。光子はガス粒子に弾かれながら少しずつ円盤表面に向かうのです。スリム円盤はきわめてガス密度の高い円盤です。釘の本数がやたらに多いパチンコ台といえます。光子は円盤内で無数の散乱を受け、ゆっくりと円盤表面に向かうことになります。

さて、光子がゆっくりと円盤表面に向かう間、ガスは止まっているわけではありません。ブラックホールを周回しながら徐々にブラックホールに近づき、やがて吸い込まれます。ガスがブラックホールに吸い込まれる前に円盤表面に到達した光子は、無事に脱出し、私たちが観測することになります。一方、ガスがブラックホールに吸い込まれるまでに円盤表面に到達できなかった光子は、ガスもろともブラックホールに吸い込まれることになります。川で対岸に向かってのんびり泳いでいると、川の流れによって下流に流されてしまうのと同じで、ゆっくり円盤表面に向かっている光子は、ガスの流れによって下流に流され、そのままブラックホールに吸い込まれてしまうのです。スリム円盤では、大部分の光子は脱出に失敗し、ガスもろともブラックホールに吸い込まれてしまいます。せっかく発生した光子が、脱出することなくブラックホールに吸い込まれてしまう現象、これが光子捕獲なのです。

光子捕獲がわかったところでもう一度、図6―1のチャート（左）を見てください。いちばん下の段で太い実線の矢印が光エネルギーからブラックホールに向かっています。これは、大半の光エネルギーが光子捕獲でブラックホールに吸い込まれることを意味しています。また、点線の矢印が観測者に向いています。光子捕獲を逃れ、円盤から脱出した一部の光子が観測されることを意味しています。スリム円盤は、大部分のエネルギーをブラックホールが吸い込んでしまうという意味で、効率の悪い円盤なのです。ライアフも効率の悪い円盤ですが、大部分のエネルギーが熱エネルギーの段階でブラックホールに吸い込まれる点がスリム円盤と異なります。また、標準円盤モデルは光子を効率的に発生させるには十分な密度を持っていて、かつスリム円盤ほど高密度ではないので光子捕獲は起こらないのです。

さて、スリム円盤の性質についてもう少し解説します。3種の円盤と言っておきながら反対のことを述べるようですが、実はスリム円盤は、効率の悪い円盤で最も明るく輝く円盤なのです。その光度はエディントン光度を超えます。重力エネルギーを光エネルギーに変えて観測者に届けるという観点では確かに効率が悪いのですが、質量降着率がきわめて大きい、つまりもともとの重力エネルギーの総量がきわめて大きいので、光子捕獲を逃れてわずかに漏れてくる光だけで、標準円盤よりも明るくなれるのです。

また、スリム円盤は、その名前とは正反対に分厚い形状をしています（131ページ図5−5でも示しました）。スリム円盤の内部は脱出できない光子で満ちあふれていて、それら大量の光子がガスに力を及ぼします。その結果、光の力で円盤は膨れあがるのです。密度もメカニズムも異なりますが、見かけの形状はライアフと同様に、分厚くなります（図6−2の上）。

話はそれますが、分厚いのにスリム円盤というややこしい名称になってしまったのは、歴史的経緯によります。いまではあまり見かけなくなりましたが、スリム円盤が登場した1988年当時は、もっともっと分厚い円盤モデルも議論されていました。それよりはずっとスリムなので、スリム円盤と名づけられたのです。したがって、いまとなっては分厚い円盤モデルの代表格であるにもかかわらず、スリム円盤という名称で呼ばれているわけです。私も円盤の研究を始めたころ、この名称にだまされて大混乱した記憶があります。

スリム円盤（超臨界円盤）が理論的に実現可能であること、そして超巨大ブラックホールの形成に重要であるだろうことは前章で説明しました。しかしながら、標準円盤やライアフと異なり、スリム円盤が実在する観測的証拠はまだ得られていません。一部の活動銀河中心核にスリム円盤が存在する可能性があるという指摘はありますが、確たる証拠があるとは言えない状況です。近年、スリム円盤の候補として注目されているのが「超光度X線源」と呼ばれる謎の天体です。超光度X線源は近傍の銀河で見つかる天体で、その名の通り、X線できわめて明るいという特徴があります。その明るすぎるという特徴が、スリム円盤でなければ説明できないのではないかと言われているのです。しかし、これはあくまで中心天体が恒星質量ブラックホールと仮定した場合の話で、仮に太陽の１００倍から１０００倍の質量を持つブラックホール（「中間質量ブラックホール」と呼ばれます）を標準円盤が取り巻いているとすれば、それでも説明できてしまいます。超光度X線源の正体を突き止めるべく、今日も活発に研究が行われています。

ただし、仮に超光度X線源がスリム円盤でなかったとしても、残念がる必要はありません。それはそれで大変重要な発見なのです。これまで発見されているブラックホールは、大まかには恒星質量ブラックホールと超巨大ブラックホールの2種類であり、中間質量ブラックホールはほとんど見つかっていません。前章で解説したように、恒星質量ブラックホールが超巨大ブラックホールに進化するのだとすれば、この宇宙のどこかに中間質量ブラックホールが存在するはずです。超光度X線源に中間質量ブラックホールが存在するとすれば、まさに成長途上のブラックホールを見つけたことになるのです。

## コンピュータ・シミュレーションで再現した3種のガス円盤

標準円盤、ライアフ、そしてスリム円盤、一口にガス円盤といっても大きく分けて三つの描像があり、それぞれ異なった性質を持っていることをご理解いただけたでしょうか。本章では、どの円盤が形成されるかは質量降着率、すなわちガス密度に依存するということを、エネルギーの変換チャートを使って理論的に説明してきました。しかし、ガス密度が異なるだけで本当に別の円盤が形成されるのか、疑わしいと思われる方もいらっしゃるかもしれません。そこで本章の最後に、筆者らが行った最新のシミュレーション結果を紹介します。

図6—4は、国立天文台のスーパーコンピュータ「Cray XT4」を用いて計算した3種のガス円盤の姿です。円盤のガス密度を変えただけで、他の条件はまったく変えずに計算しています。何も示していませんが、それぞれのパネルの中央にブラックホールがあります。ブラックホールを取り巻いているのが円盤です。円盤の上下にある膜はジェットの形状を示しているのですが、ここでは気にしないでください。

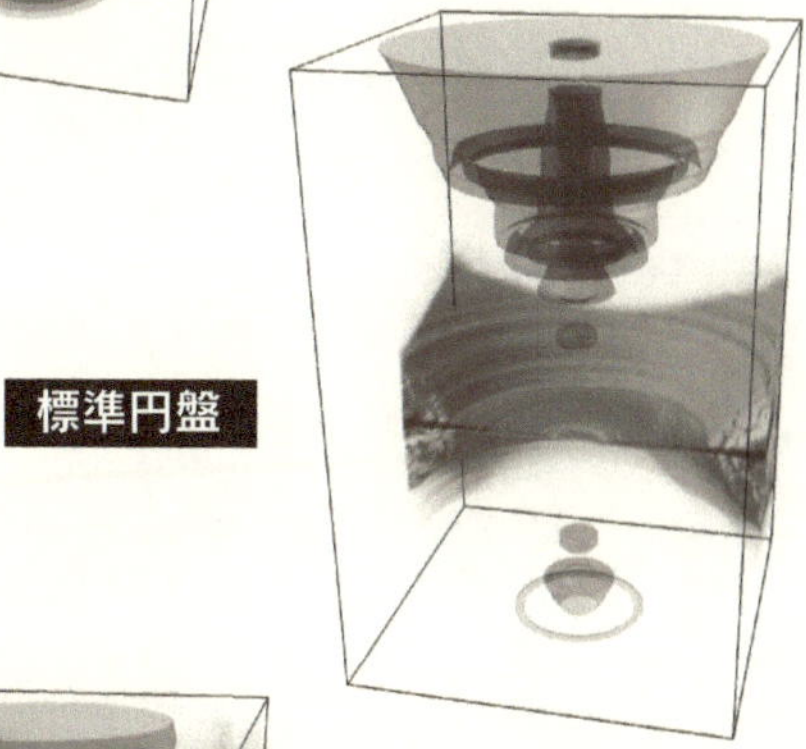


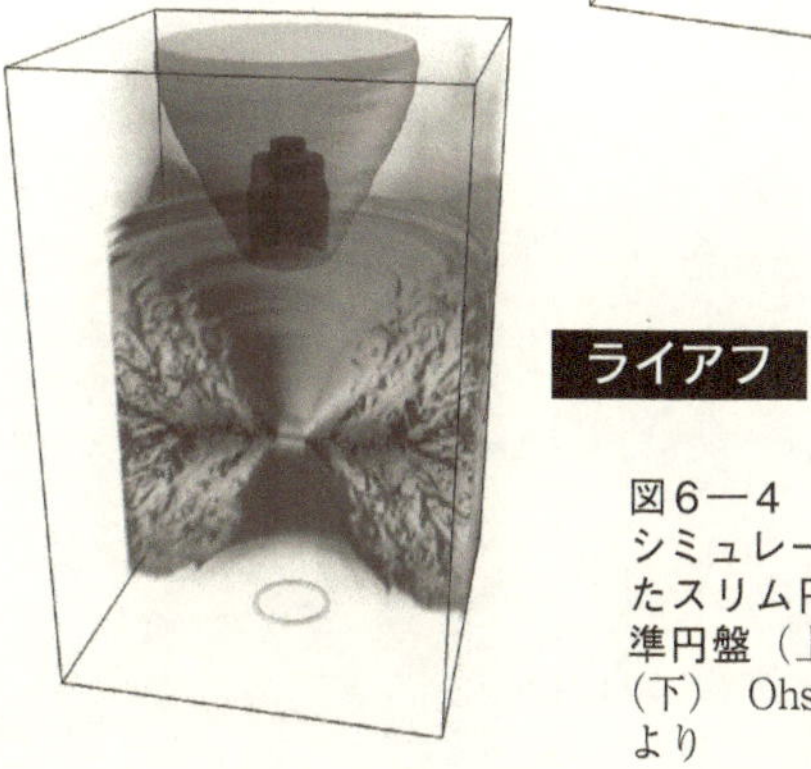


図6—4　コンピュータ・シミュレーションで再現したスリム円盤（上左）、標準円盤（上右）、ライアフ（下）　Ohsuga et al.(2009)より

上がいちばん密度を高く設定した結果で、分厚い円盤が形成されていることがわかります。これがスリム円盤（超臨界円盤）に対応します。密度を下げて同じ計算をすると、中段のような薄い円盤が現れます。これが標準円盤です。さらに密度を下げて計算すると、再び分厚い円盤ができます（下）。ライアフです。密度を変えるだけでまったく異なった円盤が現れることを納得していただけたでしょうか。

筆者らによるこのシミュレーションは、3種のガス円盤を一度に作りだした世界初の成果です（ちなみに図6－4は日本天文学会の論文誌『PASJ』の表紙を飾りました）。最低限必要な物理過程をすべて組み込んだ最新のコンピュータ・シミュレーションによるもので、世界中を見渡しても同様の計算に成功した例はまだありません。従来の研究は1種のガス円盤しか扱えないものがほとんどでしたが、3種の円盤を統一的に理解する時代がやってきたのです。われわれの成功を皮切りに、今後は世界的に激しい競争となることは間違いありません。

なお、このシミュレーションはジェットの分野でも大きな成果を上げました。それについては第8章で解説します。

## BLACKHOLE 6 この章のまとめ

暗黒天体ブラックホールは、ひとたびガス円盤をまとうと強力な放射源へと変貌します。ガス円盤で重力エネルギーが光エネルギーへと変換されるからです。しかし、ブラックホールを取り巻くガス円盤は一つの描像で理解できるものではありません。大きく分けて標準円盤、ライアフ、スリム円盤の3種のガス円盤が存在し、それぞれ異なった特徴を持っているのです。どの円盤が形成されるかは質量降着率に依存します。質量降着率の違いは円盤のガス密度の違いを生み出します。そしてガス密度の違いがエネルギー変換の違いを生み出し、性質の異なる円盤が現れるのです。

最も歴史の古い標準円盤は、質量降着率が中程度のときに形成される円盤モデルです。標準円盤は薄い形状を持ち、明るく輝きます。効率よく重力エネルギーが光エネルギーに変換されるからです。質量降着率の小さい状況で現れるライアフは、エネルギー変換効率の悪い円盤です。高エネルギー光子を放射するものの、その明るさは標準円盤よりはるかに小さくなります。質量降着率がエディントン限界を超えて大きくなると、スリム円盤（超臨界円盤）が形成されます。光子捕獲で大量の光子がブラックホールに吸い込まれはしますが、最も明るく輝く円盤です。

最後に断っておきますが、正確には質量降着率はガスの密度と落下速度の掛け算で決まります。なので、質量降着率の大小をガス密度の大小だけに対応させるのは厳密ではありません。しかしながら質量降着率の違いは落下速度よりも、ガス密度により顕著に関連しているのは事実です。このため本章では、ガスの落下速度に触れることなく、ガス密度の観点から円盤モデルの違いを解説しました。これまでの章と同じく、多少厳密さに欠けるのは事実ですが、大筋で間違いではないことを補足しておきます。

# 第 7 章

# ガス円盤②　磁場の役割

ブラックホールがいかに強い重力を持つ天体であるといっても、重力だけでガスを吸い込むことはできません。磁場のお手伝いがあって初めて、吸い込みが可能となるのです。（本文より）

前章では、ブラックホール周囲の3種のガス円盤とそのメカニズムについて紹介しました。しかしガス円盤の理論はまだまだ完成されたものではありません。それどころか、最近になってようやく本格的な研究が始まったと言ってもいいくらいです。

それは、ガス円盤においては「磁場」が重要な役割を果たすことが、最新の研究によっていよいよ明らかになってきたからです。はっきり言えば、磁場がなければガスはブラックホールに吸い込まれません。ガス円盤というシステムが破綻すると言っても過言ではないでしょう。また、次章に関係することですが、磁場はジェットの生成においても重要な役割を演じます。

最初に断っておきますが、本章の内容は少々難解です。正しく理解するには大学院レベルの電磁気学の知識が必要となります。そこで毎度のことですが、前半ではかなりかみくだいた方法で、ガス円盤における磁場の役割のうち最も重要な事項だけを説明します。後半では、もう少し正確にガス円盤内部でどのような磁場が形成されるのかについて見ていきます。前章で解説したガス円盤の描像が変わってしまうわけではありませんので、込み入った話が苦手な方は最初の2節だけ読んで、後半は読み流してください。もし先を急ぎたければ、この章を後回しにしてもかまいません。いずれにしても、この章が理解できなくても第8章以降の楽しい話題はわかるようになっていますので、気楽に挑戦してみてください。

## ガスを吸い込むのは簡単か？

ここまでの解説では、ブラックホールがガスを吸い込むのは当然のように扱ってきました。読者のみなさんも、ブラックホールはその強い重力でガスを引きつけ吸い込んでしまうという説明を、何の疑いもなく受け入れてきたと思います。ところが、実はブラックホールといえどもガスを吸い込むのは簡単ではないのです。まずは太陽と地球という身近な例を使ってそのことを説明します。

地球は太陽の周りを回っています。地球は太陽の重力で引っ張られていますが、遠心力が働くため太陽に落下することはありません。遠心力が重力と反対向きの力として働くからです。では、この太陽が突然ブラックホールになってしまったらどうなるでしょうか（図7―1上）。太陽を3キロメートルまで押しつぶすことでブラックホールができることは第1章で説明しましたが、仮にこうやって太陽をブラックホールに変えても、地球が受ける重力は変わりません。太陽がブラックホールに変わったからといって質量が増えるわけではないからです。地球が受ける重力が変わらないので、重力と遠心力は釣り合ったまま、地球はブラックホールの周りを回り続けます。つまり、ブラックホールだからといって何でもかんでも吸い込めるというわけではないのです。逆に言うと、どうやってブラックホールにガスを吸い込ませるかということのほうが難し

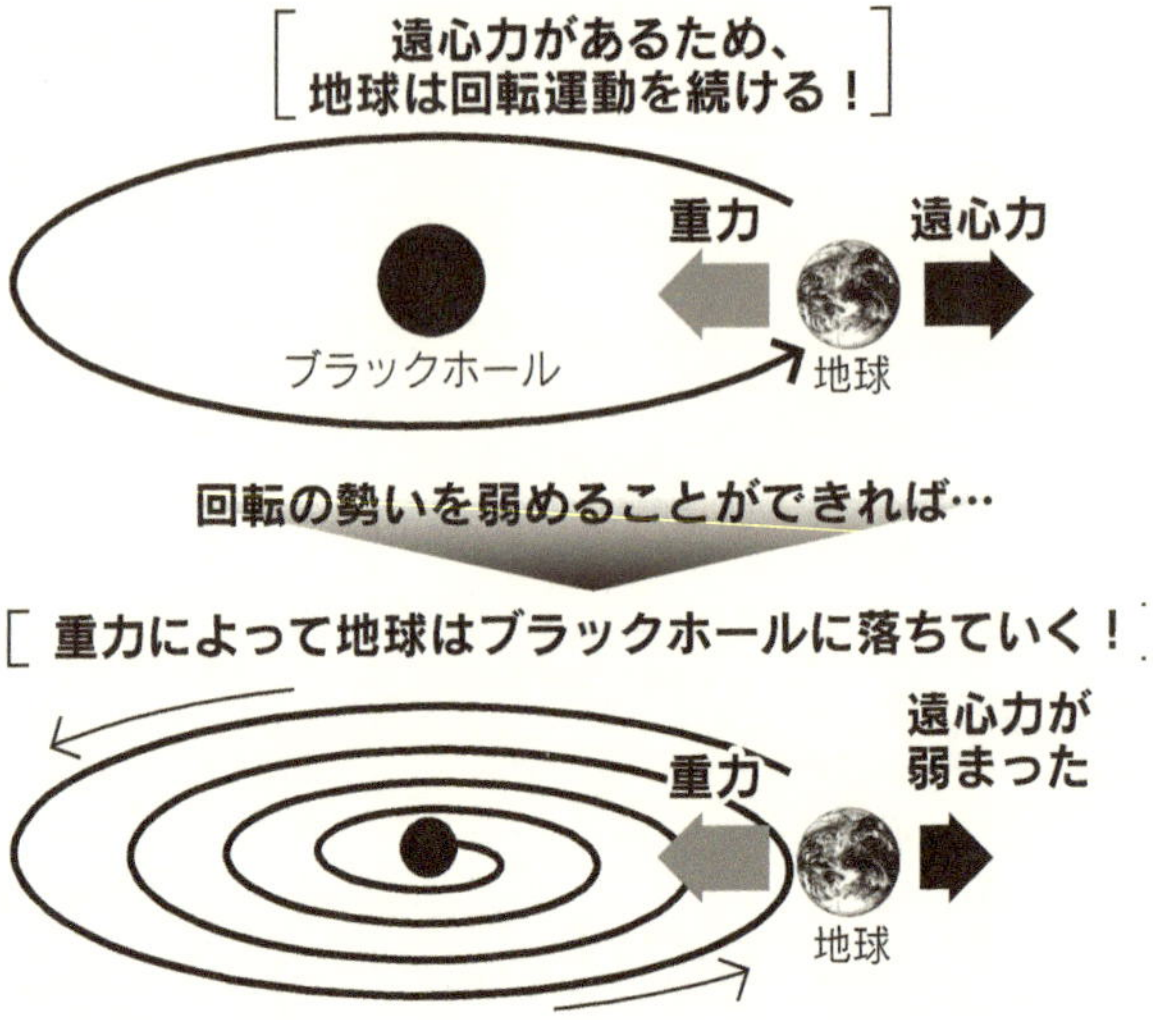
遠心力があるため、
地球は回転運動を続ける！
重力
遠心力
ブラックホール
地球
回転の勢いを弱めることができれば…
重力によって地球はブラックホールに落ちていく！
遠心力が
弱まった
重力
地球

図7―1　重力だけではガスを吸い込むことはできない

い問題なのです。

繰り返しますが、この例でブラックホールが地球を吸い込むのを妨げているのは、遠心力です。ということは何らかの方法で遠心力を弱めることができれば、地球は徐々にブラックホールに近づき、最後には吸い込まれてしまうでしょう（図7―1下）。遠心力を弱めるメカニズムがあるとすれば、それは何なのか？　これがガス円盤の研究者にとって大問題でした。

1960年代後半から1970年代にガス円盤理論が提案されたことは第4章で触れましたが、実はこのとき、遠心力を弱めるメカニズムは解明されていなかったのです。よくわからないが何らかのメカニズムで遠心力が弱まると仮定し、円盤理論は構築され発展していったのです。いちばん大事な部分がブラックボックスというのは少々不安な話ですが、それほどガス円盤理論は魅力的で、かつ観測事実をみごとに説明してきたのです。

## 磁力線に引っかかってガスが落下

遠心力を弱めるメカニズムがわからないという状況が変化したのは、１９９０年代に入ってからです。磁場が遠心力を弱め、ガスがブラックホールに吸い込まれるのを助けることがわかったのです。最初に述べたようにガス円盤での磁場の役割を厳密に理解するには電磁気学の知識が必要ですが、詳細には立ち入らず重要な性質だけかいつまんで解説します。

ガス円盤と磁場の話に入る前に、まずは荷電粒子と磁場の関係について理解しておきましょう。荷電粒子というのは電荷を持った粒子のことです。マイナスの電荷を持つ電子や、プラスの電荷を持つ陽子がその代表例です。

そしてひとことで言えば、荷電粒子には「磁力線に引っかかる」という性質があります。図７―２を見てください。地球の周りの磁力線の構造を示しています。地球は巨大な棒磁石のようなものという話を聞いたことがあるかと思います。棒磁石の周りの磁力線はＮ極からＳ極に向かう形状をしています。子どものときに棒磁石の周りに砂鉄をまいて磁力線の形状を調べる実験をし

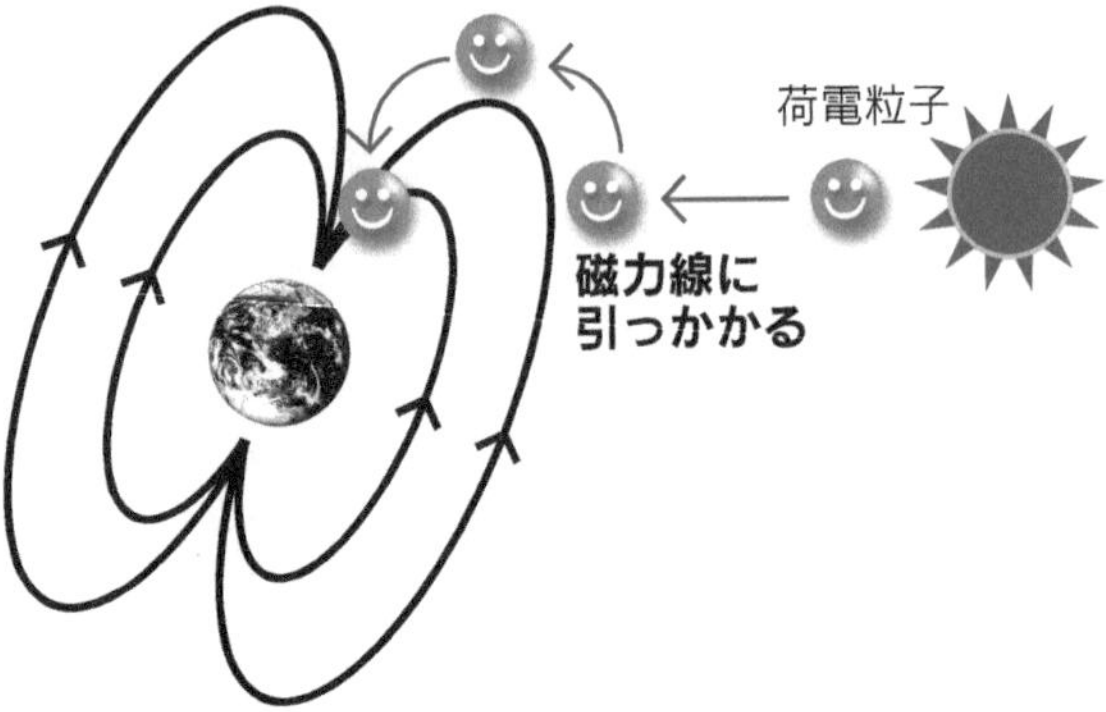


図7―2　荷電粒子は磁力線に引っかかる

たことを覚えている方も多いでしょう。地球の場合、北極がS極、南極がN極に対応していて、このように磁力線が走っているのです。

さて、太陽はただ光っているだけでなく、その表面から無数の荷電粒子を放出しています。地球にはたえずその荷電粒子が飛んできているのです。しかし、荷電粒子はそのまま地表に降り注ぐことはありません。地球の周りの磁力線に引っかかるのです。荷電粒子には磁力線を横切ることはできないという性質があるからです。磁力線に引っかかった荷電粒子は、磁力線に沿った方向に向きを変えます。磁力線に沿う方向には自由に動くことができるのです。串に刺さった団子をイメージしてもいいかもしれません。団子は串に沿った方向には簡単に動きますが、串に垂直な方向には動きません。串が磁力線、団子が荷電粒子に対応します。

このような性質があるので、太陽からの荷電粒子は地球の北極や南極に向かって降り注ぐことになります。オーロラはこの荷電粒子によって作られます。オーロラを赤道面付近で見ることができないのは、荷電粒子が磁力線を横切れないという性質のためなのです。

この性質が、ブラックホールのガス円盤で重要な役割を果たします。ガス円盤は主に荷電粒子（陽子と電子）からなる電離ガスで構成されています。仮に電荷を持たない中性の原子や分子がもともとの材料だったとしても、ガス円盤が高温であるために電離して、陽子や電子に分解されてしまいます。

では次に、ガス円盤の磁場について見ていきます。ガス円盤内部の磁力線はどのような構造になっているのでしょうか？

スーパーコンピュータを使った計算で、ようやくその答えがわかってきました。それを示したのが図７―３です。図中の線が磁力線を表しています。左上のように初期条件として磁力線がきれいにそろった構造を設定しても、最終的には複雑に入り組んだ構造（左下と右）になってしまうことがわかったのです。

このような乱雑な磁場構造を解き明かすには、磁場はもちろんのこと、ブラックホールの重力

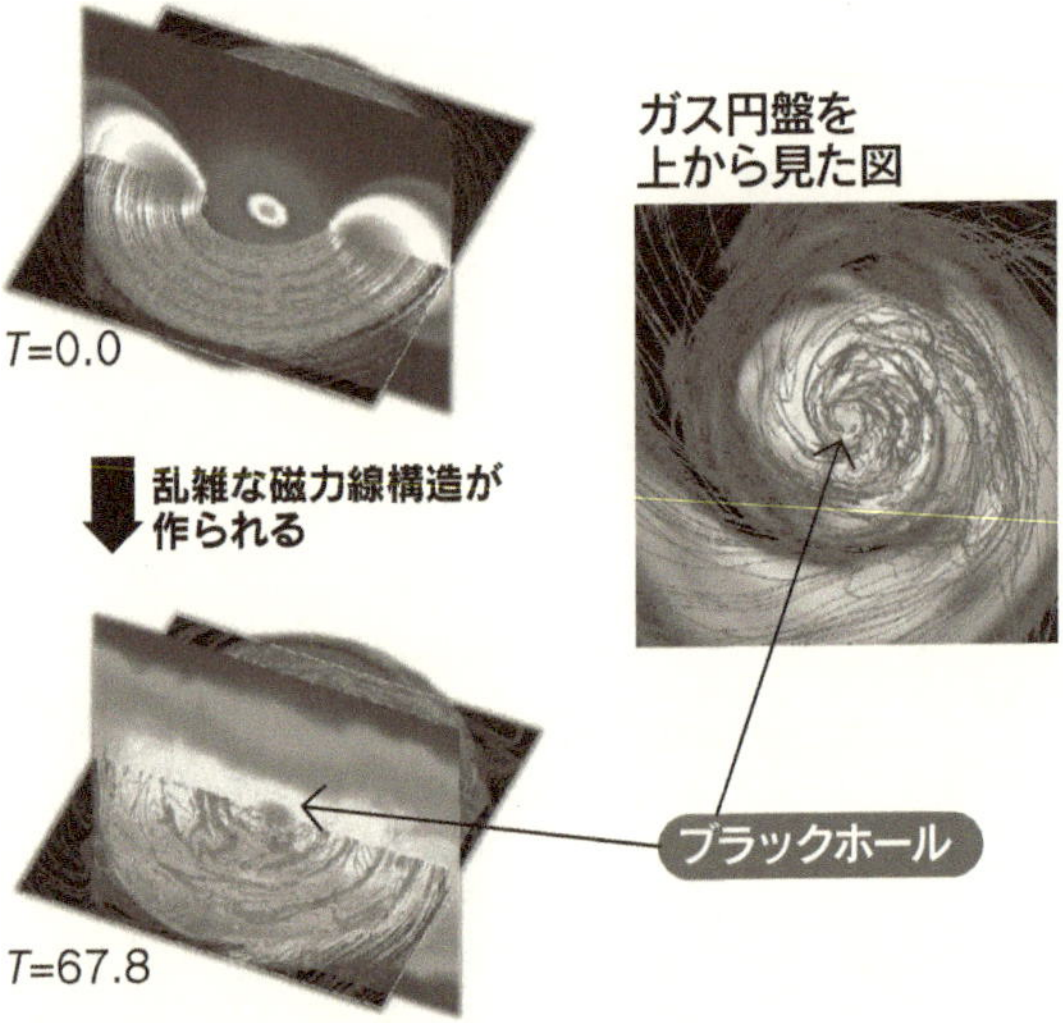


図7―3　ガス円盤内部の磁場構造（左２点：千葉大学 松元亮治氏提供、右：九州大学 町田真美氏提供）

やガスの運動も同時に解く必要があります。磁場を考慮せずにガスの運動だけを調べる計算を流体計算と呼ぶのに対し、磁場も同時に解く計算を磁気流体計算と呼びます。磁気流体計算は大変困難な計算で、近年のコンピュータの発展によってようやく可能となったのです。空間３次元での大規模磁気流体計算は松元亮治氏（千葉大学）によって始められました。図７―３は彼と彼のグループの町田真美氏（現在は九州大学）が中心となって行われた研究の成果です。

さて、このようにぐちゃぐちゃな磁力線がガス円盤に形成されると、円盤を構成する電離ガスの運動に大きな影響が出ます。もしも磁力線に引っかかるという性質がなければ、ガスはきれいな円軌道を描いてブラックホールの周りを回り続けることができるでしょう。この場合、ガスに働く遠心力が弱まることはないので、ガスがブラックホールに吸い込まれることはありません。

しかし、実際は違います。複雑に入り組んだ磁力線に引っかからずにガスが円運動を続けるのは不可能なのです。磁力線に引っかかった電離ガスは、回転の勢いが弱まります。高速で回転運動を続ける魚が、磁力線という網に引っかかるイメージです。遠心力が弱くなるので、中心のブラックホールに引きつけられて少し内側の円軌道に移動します。内側の軌道に移った電離ガスは、再び磁力線に引っかかって、またまた内側に移動します。これがひたすら繰り返されるので、ガスはブラックホールに徐々に近づき、最後には吸い込まれてしまうのです。

たいへん大雑把な説明をさせていただきましたが、磁場が重要な役割をはたしていることがおわかりいただけたでしょうか。ブラックホールがいかに強い重力を持つ天体であるといっても、重力だけでガスを吸い込むことはできません。磁場のお手伝いがあって初めて、吸い込みが可能となるのです。

## 乱雑な磁場の形成メカニズムその１：垂直成分から水平成分へ

ここからは、前節より少し正確に解説します。ただし、本節で扱う物理は大学院レベルの内容になりますので、理解できなくてもまったく気にすることはありません。

前節では、ガス円盤内部に乱雑な磁力線構造が形成されることをコンピュータ・シミュレーションの結果であると〝天下り的に〟紹介しました。しかし、そもそもどうして乱雑な磁力線構造が形成されるのか？　と疑問に思った読者の方も多いことでしょう。ここでは乱雑な磁力線構造を生み出す最も重要な二つのメカニズムを紹介します。これらが理解できれば、ガスがブラックホールに落下するメカニズムについて、より正確に理解することができます。ガス円盤の免許皆伝と言ってもいいでしょう。

図7―4はガス円盤を横と上から見た模式図です。仮に円盤を垂直に貫くような磁力線があったとして、この磁力線がほんのわずかに歪んだ場合に何が起こるのかを考えてみます。

図の左上、円盤の断面図を見てください。垂直な磁力線が少し歪んで、そこに荷電粒子（電離ガス）が引っかかっています。磁力線のちょうど曲がった部分に引っかかっている荷電粒子を粒子A、まっすぐな部分に引っかかっている荷電粒子を粒子Bとします。左側の二つの図からわかるように、粒子Aは粒子Bよりも少しブラックホールに近づいています。ここで、円盤はブラックホールに近いところほど高速で回転しているという事実を思い出してください。粒子Aは粒子Bよりも速く回転することになり、粒子Aと粒子Bの距離は離れていきます。荷電粒子は磁力線にしっかり引っかかっているので、粒子Aと粒子Bが離れると、磁力線も引き伸ばされることに

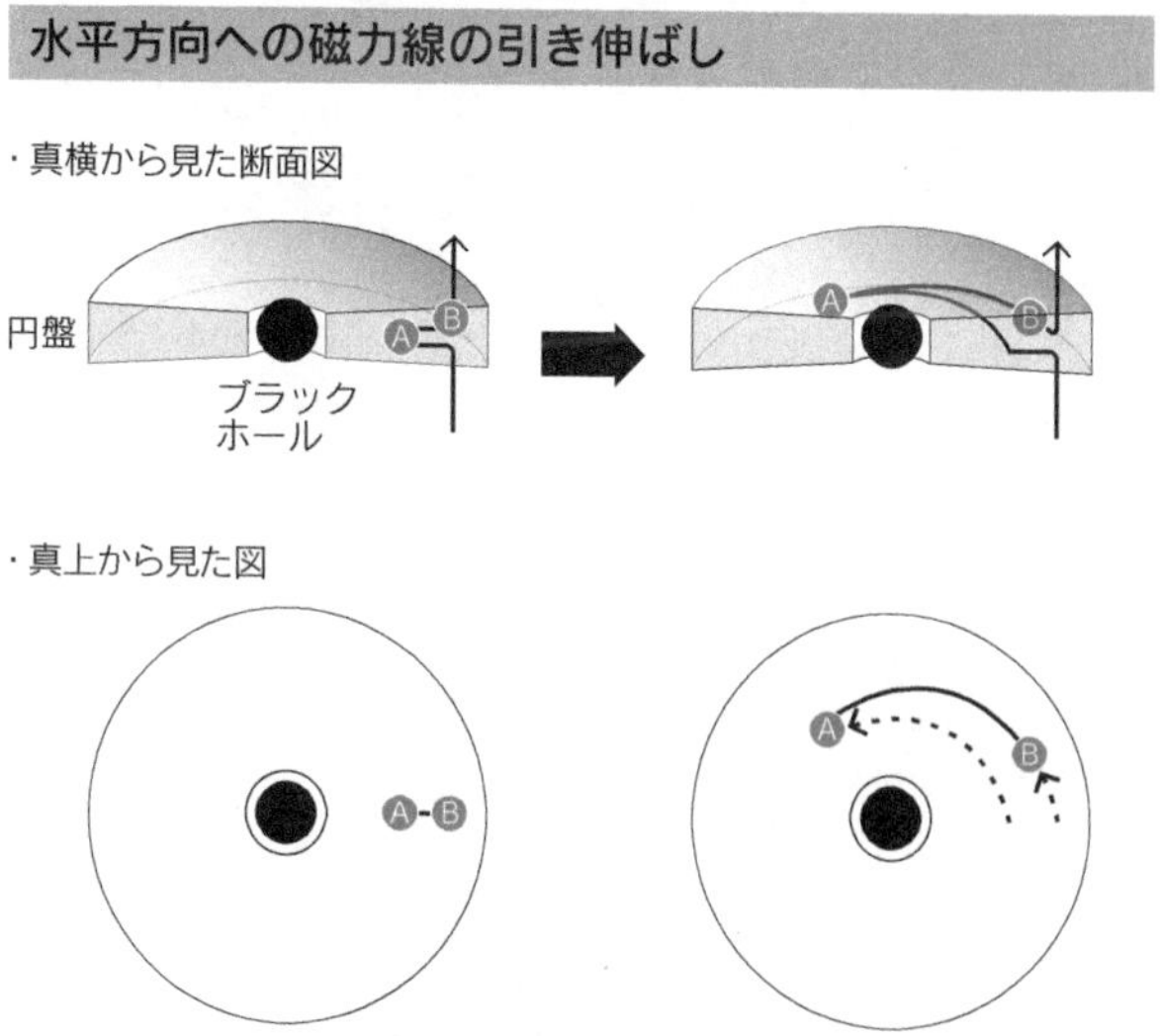


図7—4　乱雑な磁場構造ができるしくみ
その1：磁気回転不安定

なります。右側の二つの図の状態です。

さて、電磁気学の教えるところでは、磁力線が引き伸ばされると、反対に縮もうとする力が働きます。粒子Aと粒子Bの間の引き伸ばされた磁力線が縮もうとすると、粒子Aは粒子Bの方向に引っ張られることになります。逆に粒子Bは粒子Aの方向に引っ張られます。伸びると縮もうとする磁力線の性質は、ゴムひもと同じですので、粒子Aと粒子Bがゴムひもでつながっていると考えるとイメージしやすいと思います。粒子Aがゴムひもを握って前へ前へと突っ走り、粒子Bはその後方でゴムひもを握っている状態です。

粒子Aは回転方向と反対側に引っ張られることになるので、回転の勢いが弱まります。遠心力が弱くなるので、ブラックホールの重力に引かれて、さらにブラックホールに近づくことになります。

これで話はおしまいではありません。ブラックホールに近い軌道に移った粒子Aは、さらに高速で回転することになります。ブラックホールに近づくほど高速で回転するという法則があるからです。すると、磁力線はこれまで以上に引き伸ばされることになります。縮もうとして粒子Aを引っ張ったのに、逆に引き伸ばされてしまうわけです。引き伸ばされた磁力線は粒子Aを回転方向と反対のほうに引っ張り、回転の勢いを削がれた粒子Aはまたまたブラックホールに近づくのです。

粒子Aが粒子Bより高速でブラックホールの周りを回転し、磁力線が引き伸ばされて粒子Aが回転方向と反対側に引っ張られる、粒子Aがブラックホールに近づき、さらに高速で回転……ということが延々と繰り返されて、粒子Aはブラックホールに吸い込まれるのです。

ちょっと込み入った話ですが、ご理解いただけたでしょうか?

このメカニズムは「磁気回転不安定」と呼ばれ、ブラックホールにガスが吸い込まれることの、より正確な説明なのです。なお、磁気回転不安定は英語ではMagneto-Rotational Instabilityといい、略して「MRI」と呼ばれています。MRIと聞いて医療用機器ではなくこのメカニズムが真っ先に思い浮かぶようになれば、あなたも立派なガス円盤オタクです。

この磁気回転不安定が起こると、ぐるぐる巻きの磁力線構造が作られます。粒子Ｂがゆっくり動いている間に、粒子Ａが磁力線というゴムひもを握ったままブラックホールの周りを何度も何度も周回するからです。この結果、当初は円盤と垂直方向に向いていた磁力線が、水平方向に引き伸ばされることになるのです。磁気回転不安定は垂直方向の磁力線から水平方向の磁力線を生み出すメカニズムでもあるのです。

168ページ図７―３の右の画像をもう一度見てください。ぐちゃぐちゃな磁力線構造とはいえ、目を細めて大雑把に見れば、ぐるぐる巻きの構造が見えてくるのではないでしょうか。

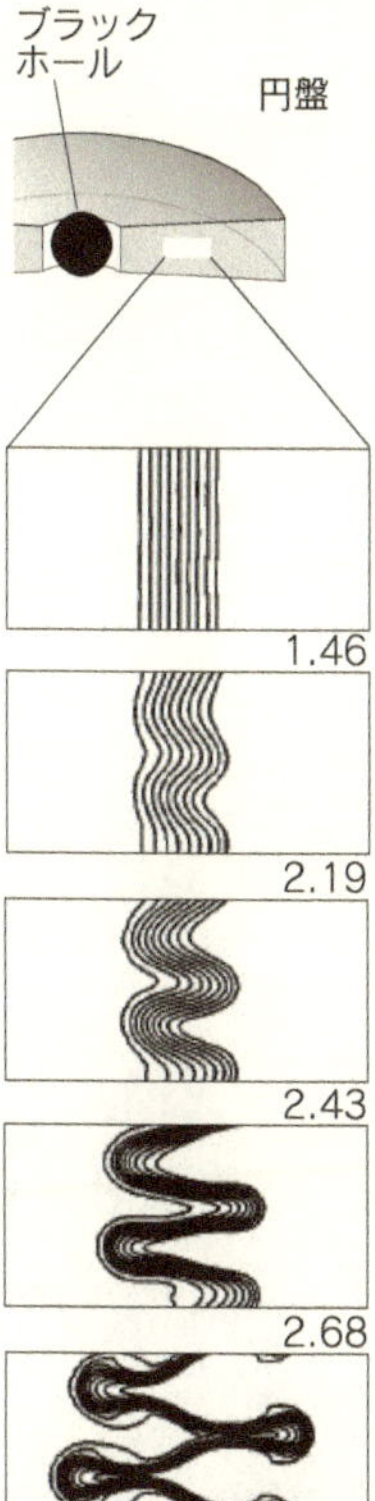


図７―５　コンピュータ・シミュレーションで示された磁気回転不安定（Hawley & Balbus 1991より）

さて、この磁気回転不安定もコンピュータ・シミュレーションによって示されています。図7―5はガス円盤を真横から見た断面図です。円盤を垂直に貫く磁力線を初期条件として計算を始めると、徐々に磁力線が曲がり水平方向の成分が生成される様子がよくわかると思います。

余談ですが、このシミュレーションは1991年にホーリーとバルバスによって行われました。磁気回転不安定というブラックホールによるガスの吸い込みに欠かせないメカニズムを発見した偉大な成果ですが、その後、よく調べてみると、すでに発見ずみだったことがわかりました。1959年に、ベリコフによって調べられていたのです。しかも1961年に出版された有名な教科書にも載っていました。この教科書の著者はあのチャンドラセカールです。ベリコフはブラックホールの研究者ではなくプラズマの専門家です。プラズマの研究成果が、30年の時を経てブラックホールの研究者に再認識されたわけです。

## 乱雑な磁場の形成メカニズムその2：水平成分から垂直成分へ

さて、磁気回転不安定と並んで重要なのが、「浮力」による不安定です。磁気回転不安定の説明の際には、円盤に垂直な磁力線があるとして話を始めましたが、ここでは円盤面に水平な磁力線からスタートします。

図7―6は円盤を真横から見た断面図です。水平方向を向いた磁力線があり、それに粒子Aが

## 垂直方向への磁力線の引き伸ばし

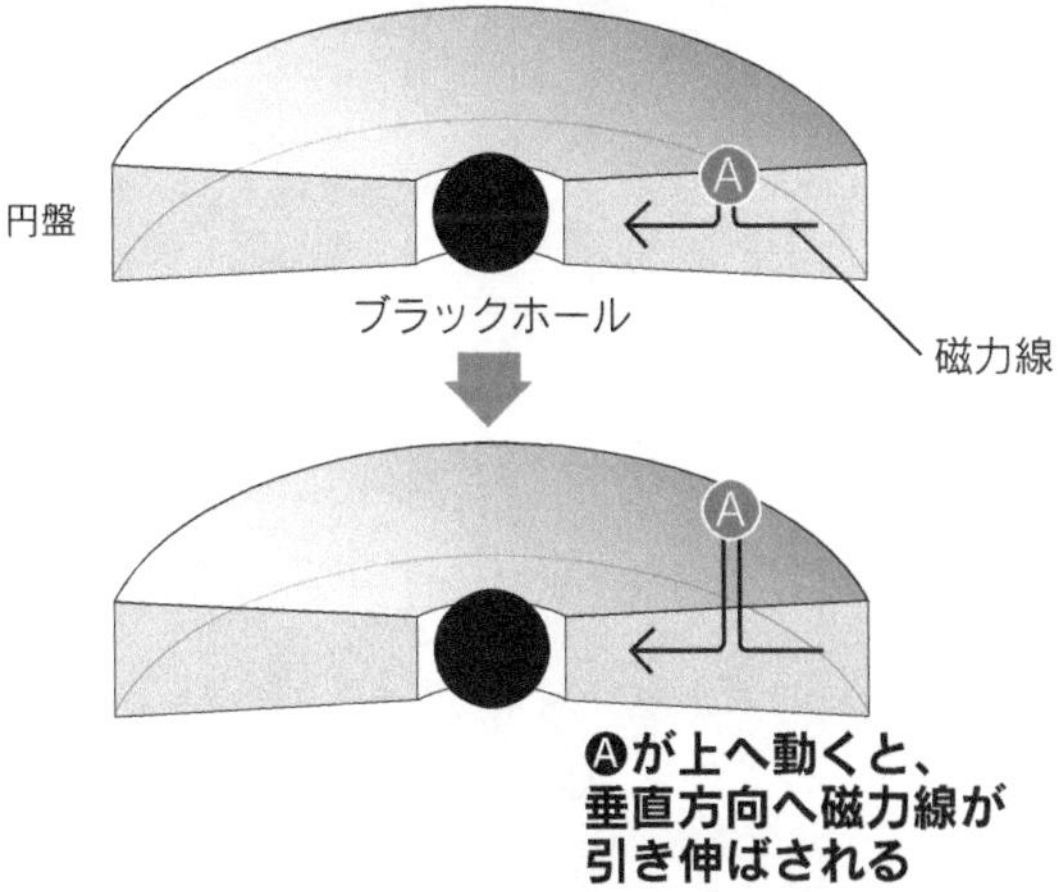


図7—6　乱雑な磁場構造ができるしくみ　その2：磁気浮力不安定

引っかかっています。

さて、みなさんは浮力をご存じでしょうか。木片や空気の泡など、水より軽いものが水中にあると自然に浮き上がってきます。これが浮力です。

ガス円盤でも同じように浮力が働くことがあります。粒子Aに浮力が働くと、粒子Aは円盤表面に向かって浮き上がろうとします。ただし、磁力線は縮もうとする（この場合はまっすぐになろうとする）ので、粒子Aは下向きに引っ張られます。二つの反対向きの力が働き、浮力が勝つと粒子Aは浮き上がるのです（図7—6上）。粒子Aが浮き上がるとき、しつこいようですが荷電粒子と磁力線は密接に引っかかっていますので、磁力線も浮き上がります。すると、図7―6の下のように垂直方向の磁力線が生まれるのです。これが、水平方向の磁力線から垂直方向の磁力線を作り出す重要なメカニズムです。

ここで紹介した現象は「磁気浮力不安定」と呼ばれるものの一種で、「パーカー不安定」と呼ばれています。パーカー不安定は、一見、ガスがブラックホールに吸い込まれることと無関係に思われるかもしれませんがそうではありません。パーカー不安定で磁力線が垂直方向に引き伸ばされると、今度は最初に説明した磁気回転不安定が、その垂直方向の磁力線を水平方向に引き伸ばします。磁力線が水平方向に引き伸ばされると、再びパーカー不安定が垂直方向に引き伸ばします。これが次から次へと繰り返されるので、最終的には図7―3で示したような複雑に曲がった磁力線が作られるのです。乱雑な磁力線構造の形成を促進することで、パーカー不安定もガスの吸い込みに大きな貢献をしているのです。

本節の最後に、円盤内部のガスの流れについて触れておきます。ここまで解説した磁場の効果や重力、遠心力、圧力、さらには対流などの影響を受け、円盤内のガスは複雑な運動をすることになります。大まかに見ればブラックホールを中心とする円軌道を描いてはいるものの、上下左右に動いたり渦を巻いたりしているのです。これは「磁気乱流」と呼ばれています。磁気乱流はガス円盤を理解するうえできわめて重要な現象です。

BLACKHOLE 7

## この章のまとめ

ブラックホールがガスを吸い込むのは、実はそう簡単ではありません。遠心力が妨げとなり、重力だけでは吸い込むことができないのです。ブラックホールがガスを吸い込むためには磁場の助けが必要です。円盤内部の磁力線は、大まかにはブラックホールを中心とするぐるぐる巻きになりますが、くわしく見れば乱雑な形状をしています。このような磁力線構造は、磁気回転不安定やパーカー不安定がもととなって自然に生まれます。円盤内を回転運動するガスは磁場に引っかかり、遠心力が弱まってガスに吸い込まれます。磁場と重力の協力があってはじめてガス円盤からブラックホールへガスが吸い込まれるのです。ブラックホールとガス円盤というシステムにおいて、磁場は必要不可欠なものなのです。

# 第 8 章

# ブラックホール・ジェット

銀河の中心には超巨大ブラックホールが潜んでいて、ジェットはここから吹き出していると考えられています。ブラックホール・ジェットを地球上の消防車にたとえると、ホースから噴出した水が、そのまま月まで到達する計算になります。（本文より）

本章ではいよいよ「ブラックホール・ジェット」の登場です。ブラックホールは何でも吸い込むだけの退屈な天体と思われがちですが、ここまで説明したように、周囲にガス円盤をまとうことで明るく輝く天体へと変身します。また、ガス円盤からは超高速なガスの流れ、ジェットが噴出していると考えられています。

ジェットは宇宙の中で最も高エネルギーで相対論的な現象の一つです。その速度は光の速度に匹敵します。また、そのパワーは強力で、第5章の最後で説明したように、超巨大ブラックホールからのジェットは銀河の進化にも影響を与えた可能性があります。

ジェットの生成メカニズムにはまだまだ解明できていない部分が多く、ガス円盤のように定式化されたモデルがあるわけではありません。しかし、最近盛んに研究され、磁場や光の力による加速が重要視されるようになっています。本章では、宇宙物理学の最前線であるジェットのメカニズムについて解説します。

## すさまじいジェットのパワー

ブラックホール・ジェットとは何なのか、そのイメージをつかんでもらうために、まずジェットの観測結果を紹介します。

図8—1は3C31という名の電波銀河です。左の写真を拡大した右の写真でぼんやりと大きく

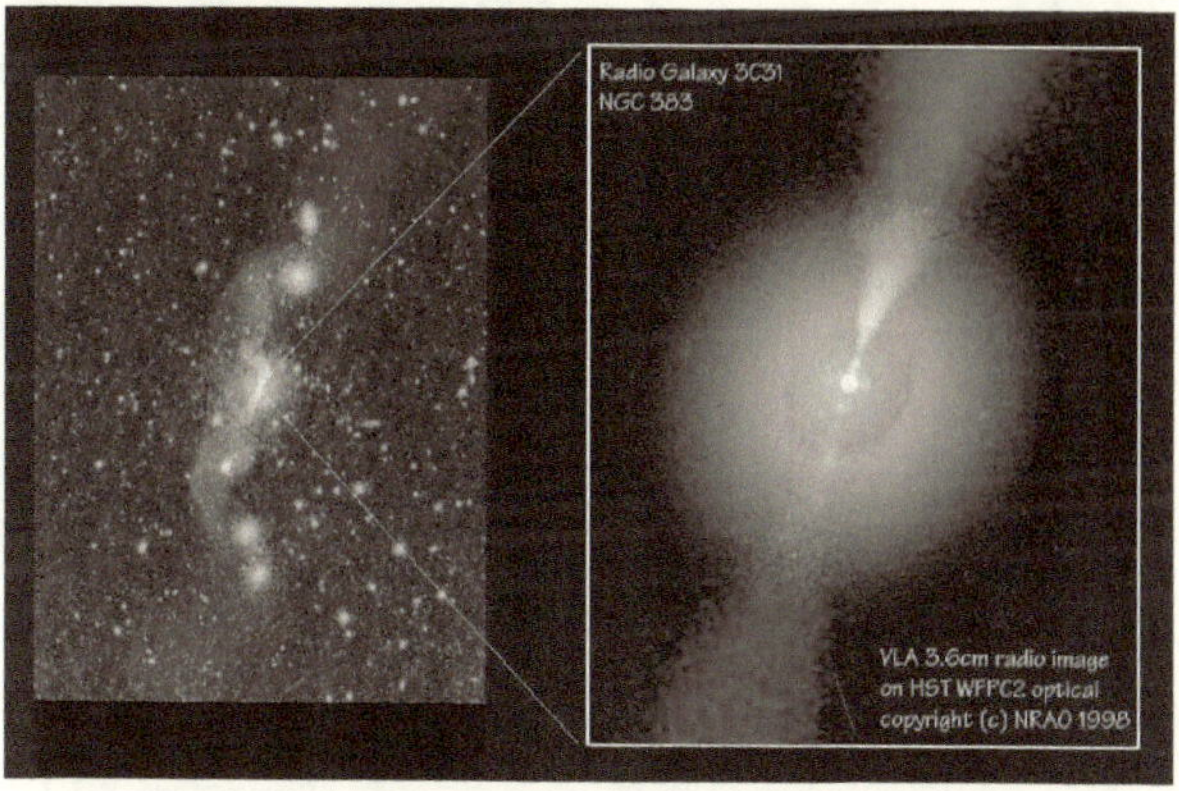


図８—１　超巨大ブラックホールからのジェット

丸く映っている白い部分、これは可視光による観測です。可視光の観測では主に恒星の分布を知ることができます。およそ銀河の本体を見ていることになるのです。

一方、上下に伸びる細い筋は電波による観測です。電波の観測は主にガスをとらえます。ここで観測されているのがジェットです。

ジェットのパワーはすさまじいものです。銀河本体を突き抜け、はるか宇宙空間に伸びているのです。また写真から、ジェットは銀河のごく狭い中心部から発生していることもわかると思います。銀河の中心には超巨大ブラックホールが潜んでいて、ジェットはここから吹き出していると考えられています。ブラックホール・ジェットを地球上の消防車にたとえると、ホースから噴出した水が、そのまま月まで到達する計算になります。おそるべきパワーなのです。

ジェットは超巨大ブラックホールからだけではなく、恒星質量ブラックホールからも吹き出すと考えられています。事実、数は少ないもののジェットを示唆する観測データが得られています。図8―2はマイクロクェーサーGRS1915+105の観測データです。マイクロクェーサーは恒星質量ブラックホールがその正体と考えられている天体で、クェーサーのミニチュア版という意味でこう呼ばれています。この天体は激しい時間変動を示すことで有名ですが、図のようにX線で明るくなったあと、赤外線、そして電波で明るくなります。これがジェットの噴出の傍証とされているのです。

ジェットの生成メカニズムはまだはっきりとはわかっていません。そこにはいくつもの困難があるからです。

まず、ブラックホールの重力を振り切る必要があります。ちょっとやそっとの速度でガスを噴き出しても、重力に負けて、いずれは落下してしまいます。重力に負けない速度まで加速する必要があるのです。具体的には光の速度に匹敵するほどガスを加速しないと、ジェットは噴出しないのです。これは簡単なことではありません。

また、ジェットの最大の特徴は、その形状がきわめて細いことです。仮に何らかのメカニズムでガスを加速し、高速な流れを作り出したとしても、それだけでは足りません。その流れが細く絞られていなければ「ジェット」とは言えないのです。消防車の放水が月まで届くという例を出

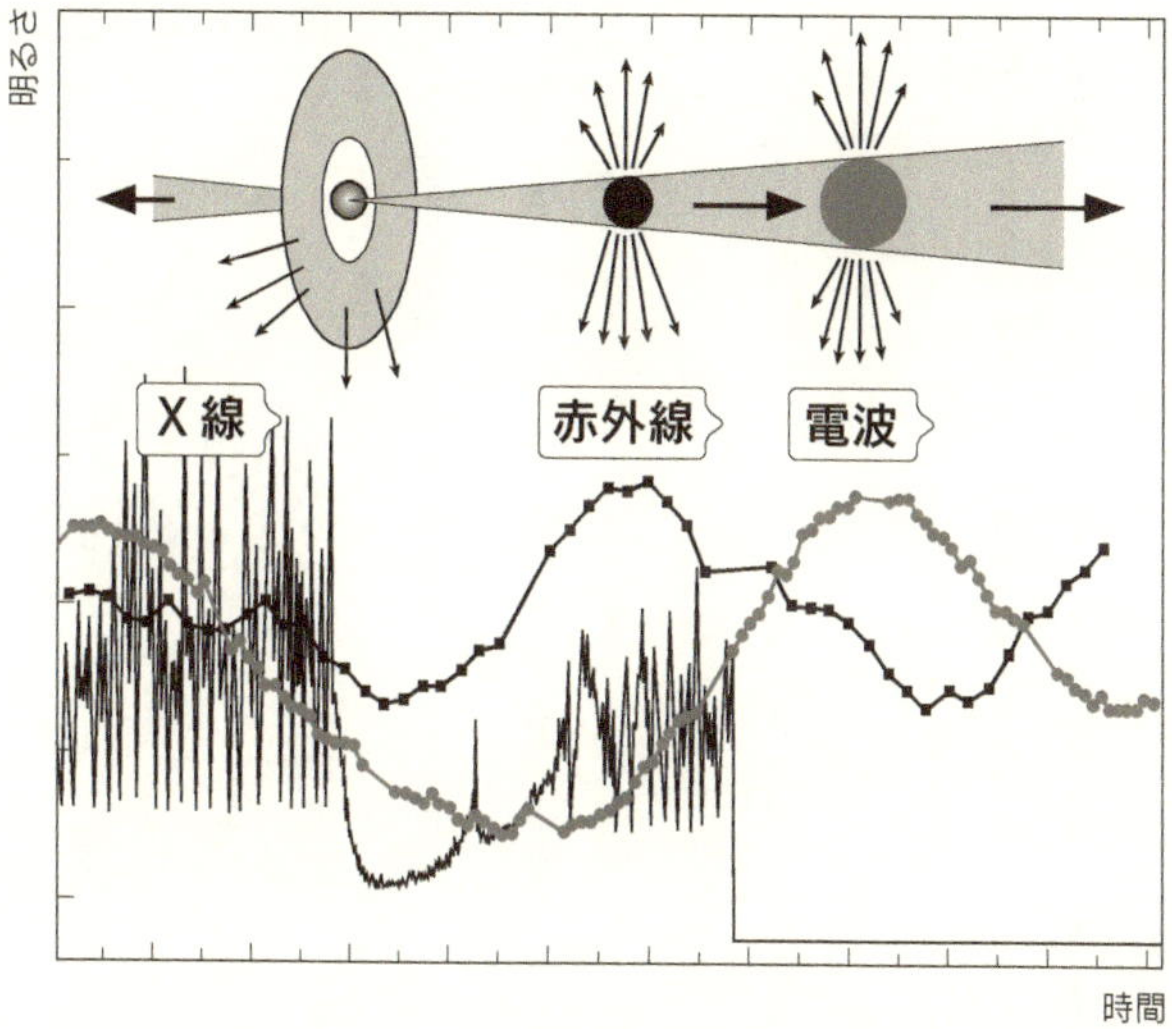


図8―2　マイクロクェーサー（恒星質量ブラックホール）からのジェット（Mirabel et al. 1998を改変）

しましたが、ただ届くだけではなく、水流が細いままでなければならないのです。これは大変難しいことです。

高速で細く、かつパワフルというジェットの生成メカニズムを解明するのは、このように容易なことではありませんが、ジェットの発生源としてはブラックホール周囲のガス円盤が最有力とされています。ガス円盤が重力エネルギーをさまざまな形態のエネルギーに変換することは第6章でくわしく説明しました。膨大な重力エネルギーの一部をジェットの運動エネルギーに変換することができれば、ジェットを噴出することが可能になります。また、図8―1に代表されるように、多くの場合、ジェットは2本セットで観測されます。円盤からジェットが出るとすれば上下に噴出することになるので、この点でも円盤を発生源と考えるのは都合がいいのです。

では、円盤の一部のガスを加速し、ジェットを噴出するメカニズムとしては、どのようなものが考えられるのでしょうか。現在では、磁場や光の力が重要視されています。以下でくわしく説明しましょう。

## 磁気圧駆動型ジェットの加速メカニズム

最初に、磁場を使ったジェットの生成メカニズムを説明しましょう。

ガス円盤には磁場があります。円盤を上から見ると、磁場は大まかにブラックホールを中心にぐるぐる巻きの形状をしています（図8—3）。ガスがブラックホールの周りを周回する運動をするため、それに引きずられて磁力線もブラックホールを中心にぐるぐる巻きになるのです。これは前章の後半で説明した内容なので、後回しにした方はこの結果だけ受け入れて、以下の話を読んでください。もしくは、コンピュータ・シミュレーションで調べた円盤内部の磁場の構造を168ページの図7—3に示していますので、それだけでもご覧になってみてください。きれいな構造とまではいきませんが、大まかにぐるぐる巻きの磁力線構造が現れていることがわかるでしょう。

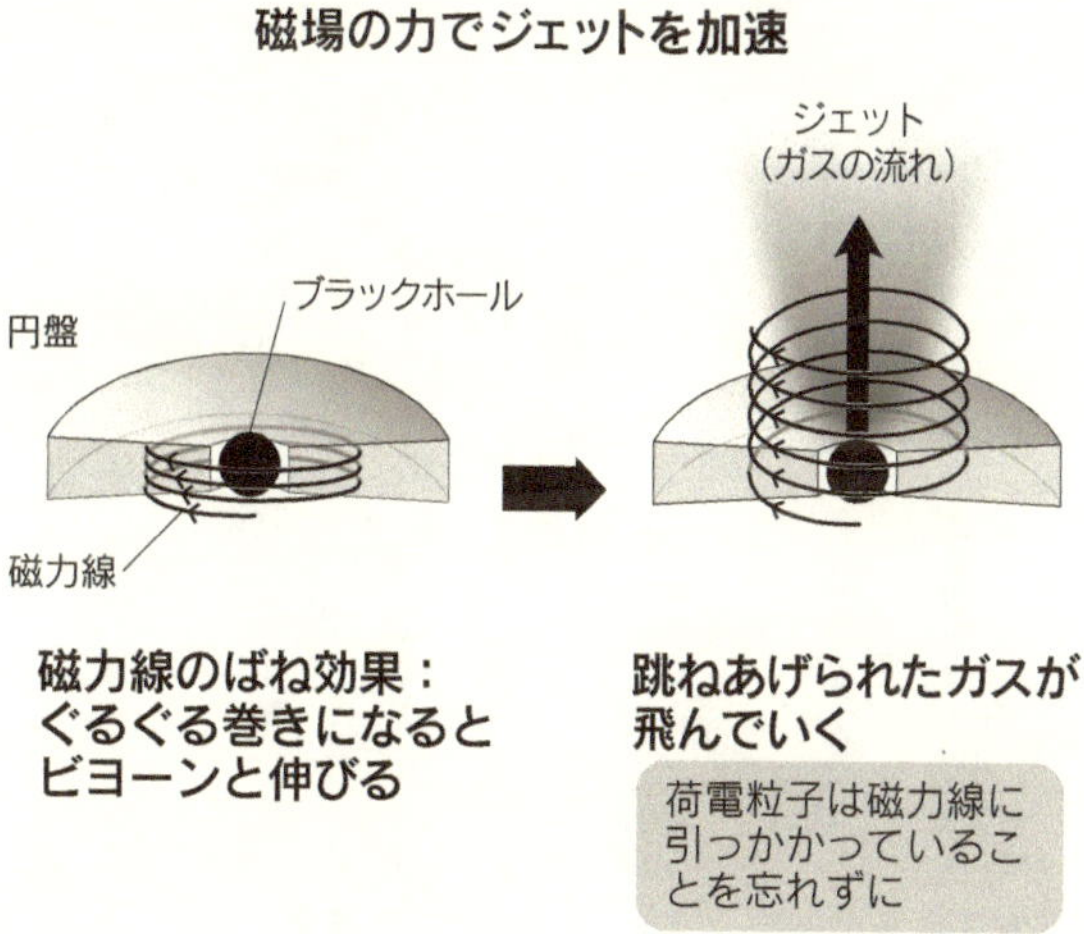


図8―3　磁場の効果で発生するジェット

さて、もう一度繰り返しますが、ぐるぐる巻きの磁力線構造が生まれる原因は、ガスの回転運動です。そして円盤はブラックホールに近い側ほど高速で回転します。よって、ブラックホールに近い部分ほど磁力線はよりぐるぐる巻きになりやすいことになります。磁力線はまるでぎっしり巻いたコイル、もしくは縮んだ状態のばねのような構造となるのです。

いま、ぐるぐる巻きの磁力線を「縮んだ状態のばね」にたとえましたが、これは実は巧妙なたとえです。手を離すと縮んだばねは伸びます。これと同じように、ぐるぐる巻きの磁力線も伸びようとするのです。前章では磁力線の伸びると縮もうとする性質をゴムひもにたとえて説明しましたが、磁力線にはほかにも不思議な性質があり、このばねのような性質もその一つなのです。

図8—3に示していますが、ばねが伸びる方向に注意してください。円盤内部に縮まっていた磁力線は、円盤の垂直方向に伸びあがります。これが円盤の上下方向に、2本のジェットを生み出すのです。

しかし磁力線というばねが上下に伸びるだけでは、ガスを噴出したことにならないのではないかと思われる方もいらっしゃるかもしれません。荷電粒子が磁力線に引っかかるという性質を思い出してください。円盤のガスは主に陽子と電子からなります。陽子も電子も電荷を持っている粒子ですので、磁力線に引っかかっています。したがって、磁力線というばねが上下に伸びるとき、荷電粒子も上下に押されて、ジェットとして噴出することになるのです。これが磁場によるジェットの加速メカニズムです。磁場の力を利用するので「磁気圧駆動型ジェット」と呼ばれることもあります。

## 磁気圧駆動型ジェットの収束メカニズム

磁場によるジェットの加速メカニズムはご理解いただけたでしょうか。次の問題は、いかにジェットを細く絞るかということです。ガスの流れを細く絞らないかぎり、ジェットとは言えないからです。

ここでも磁力線の不思議な性質が活躍します。本書で登場する磁力線の不思議な性質はこれが最後ですので、もう少し辛抱してください。

ここまで磁力線の、引っ張られて伸びると縮もうとするゴムひものような性質（第7章）、ぐるぐる巻きになるとばねのように伸びる性質（前節）を紹介しました。最後に登場する性質も、ゴムにたとえることができます。

図8―3からわかるように、磁場によって発生したジェットには磁力線が巻きつくことになります。巻きついた磁力線には、ジェットを細く絞る働きがあるのです。ジェットに磁力線というゴムが巻きついていると考えれば、ジェットが絞られて細くなることが想像できると思います。少し残酷な例ですが、ヘビが獲物に巻きついて締め上げているのにも似ています。あるいは、広げられた輪ゴム（磁力線は完全な輪になってはいませんが）が縮もうとする様子を想像してもいいでしょう。いずれにしても、ぐるぐる巻きの磁力線は、ばねのような働きでガスを加速して高速な流れを生み出し、同時に、この流れに巻きついて細く絞ることもできるのです。まさにジェットの生成にうってつけな性質を持っていると言えます。

加速（ガスの速度を上げる）と収束（ガスの流れを細く絞る）という両方の性質を持ち合わせているため、磁気圧駆動型ジェットは有力なジェットモデルとして注目されるようになりました。図8―4はコンピュータ・シミュレーションで再現された磁気圧駆動型ジェットです。下方

図8—4　磁場によって発生するジェットをコンピュータ・シミュレーションで再現したもの（McKinney, Blandford 2009）

にブラックホールとガス円盤があり、そこからジェットが伸びてきている様子がわかります。この図には示されていませんが、ジェットには磁力線が巻きついています。

いかがでしょうか？　円盤内部にばねのようにぐるぐる巻きの磁力線構造が生まれ、それが伸びること。荷電粒子が磁力線に引っかかるという性質を持っていること。そして、磁力線がジェットに巻きついて細く絞ること。この三つを覚えるだけで、磁気圧駆動型ジェットのメカニズムはおよそ理解できてしまうのです。

## 磁気圧駆動型ジェットを生み出す円盤

ここまで磁気圧駆動型ジェットの加速・収束メカニズムを解説してきましたが、このジェットはあらゆるガス円盤から噴出するわけではありません。第6章で紹介した3種の円盤のうち、ライアフからのみ効率よく発生すると考えられているのです。

これは円盤でのエネルギー変換に着目して考えると理解しやすいと思います。ぐるぐる巻きの磁力線が作られ、そしてジェットが発生するというのが磁気圧駆動型ジェットのメカニズムです。これは、重力エネルギーの一部を、磁場のエネルギーを経由してジェットの運動エネルギーへ変換していることになります（第6章で示したエネルギー変換チャートでは、円盤にのみ焦点を当てて話を簡単にするため、磁場のエネルギーやジェットを省いていました）。

第6章で説明したように、標準円盤は効率よく輝く円盤で、言い方を変えると光の放射で大量のエネルギーを損失します。したがって、ジェットには効率よくエネルギーを渡すことができないのです。一方、放射によるエネルギー損失が小さいのがライアフの特徴でした。円盤が大量のエネルギーを保持しているので、その一部を円盤表面のガスに渡し、加速することで、ジェットを噴出させることができます。このような理由で、磁気圧駆動型ジェットはライアフから効率的に発生すると考えられるのです。

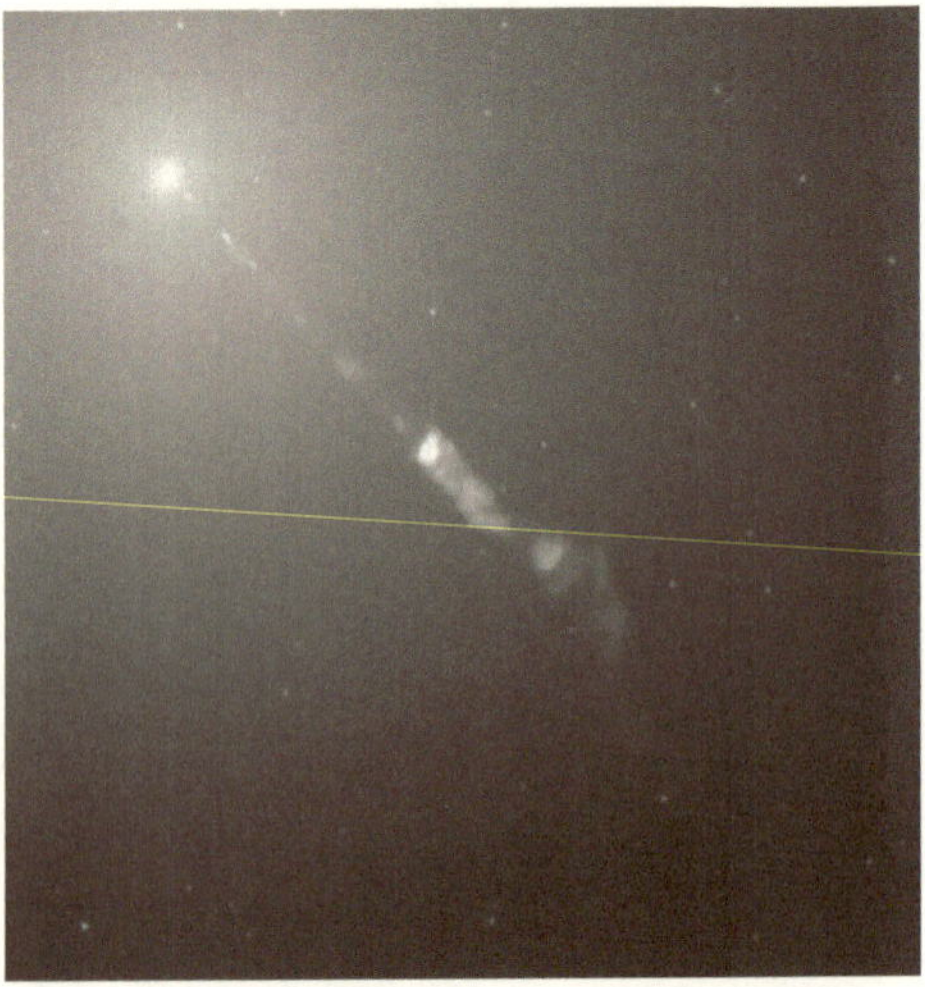

図8―5　磁気圧駆動型ジェットの可能性がある M87のジェット

磁気圧駆動型ジェットではないかと考えられる有力天体の一つが、M87です。M87はおとめ座にある巨大な楕円銀河で、10億倍以上の太陽質量を持つ超巨大ブラックホールが存在すると考えられています。その中心部から噴出する強力なジェットが、ハッブル宇宙望遠鏡によって観測されています（図8―5）。ジェットを観測しただけで判別するのは難しいのですが、M87の中心部からの放射の観測から、超巨大ブラックホールの周囲にライアフが存在すると考えられるため、磁気圧駆動型ジェットの有力な候補とされています。その答えは今後の詳細な研究で明らかになってくるでしょう。M87は最も巨大なブラックホールを持つ近傍銀河の一つです。磁気圧駆動型ジェットか否かにかかわらず、ブラックホールやガス円盤に関わる重要な知見を私たちにもたらしてくれるに違いありません。

第６章でも述べましたが、ライアフは銀河系の中心にも存在すると考えられます。しかしながら、銀河系の中心ではジェットが噴出している事実は見つかっていません。同じライアフなのに、なぜジェットの有無に差が生じるのか、その理由はまだわかっていません。ブラックホールのスピン（ブラックホールの自転）が関係しているという説もありますし（スピンについては本章の後半で簡単に説明します）、現在はジェットを噴出していないが、過去には噴出していた痕跡があると主張する研究者もいます。円盤もジェットも、まだまだ謎が多いのです。

## 放射圧駆動型ジェットの加速メカニズム

磁場によって発生するジェットに対し、光の力（放射圧）で加速するジェットも考えられています。

ここまで説明したように、磁場で発生するジェットはライアフから発生すると考えられています。M87のように、この仮説と矛盾しない観測例もありますが、いつでもうまくいくとは限りません。ライアフはそもそも降着率の低い状況で現れる円盤です（お忘れの方は第６章を復習してください）。円盤のガスの量が少ないので、ジェットとして噴出するガスの量も比較的少なくなります。したがって、大量のガスを噴出するジェットを磁気圧駆動型ジェットで説明することはできないのです。

光の力でジェットを加速

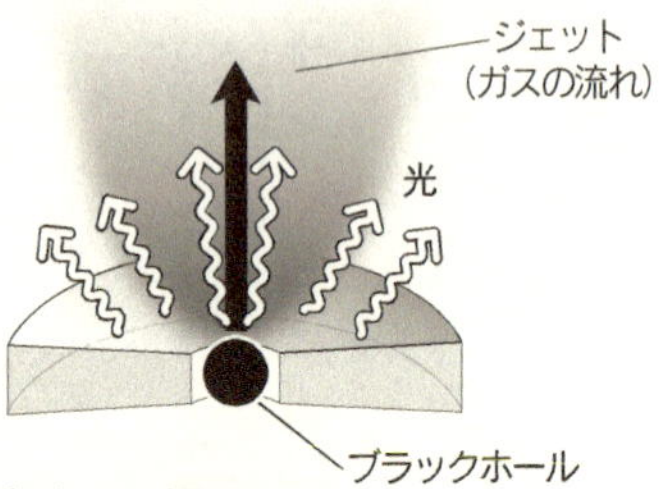


光の力がガスを押す！

➡ ガスが円盤表面から飛び出て、ジェットとして飛んでいく

図8—6　放射圧駆動型ジェットの加速メカニズム

大量のガスを噴出するジェット、これを説明するのが、光の力によって加速するジェットです。光の力（放射圧）を使うので「放射圧駆動型ジェット」と呼ばれることもあります。

放射圧駆動型ジェットの加速メカニズムは単純です。光の力でガスを吹き飛ばすのです。第5章で説明したように、光がガスに当たると、ガスは力を受けます。光の進む方向に押されるのです。ガス円盤からの光は基本的に円盤の上下に向かって放射されます。したがって、ジェットは円盤の上下方向に噴出することになります（図8—6）。問題は光の力がブラックホールの重力に勝てるかどうかです。

光の力が重力に打ち勝つためには、強力な放射が必要です。円盤がきわめて明るく輝く必要があります。具体的には、エディントン光度以上の明るさで輝かなければならないのです。第5章で説明したように、重力と光の力が拮抗するときの光度がエディントン光度です。よって、このエディントン光度以上で輝いた場合のみ、光の力が重力を凌駕し、ガスを吹き飛ばすことができるのです。仮にブラックホールの質量が太陽と等しい場合、エディントン光度は太陽光度のおよそ10万倍になります。

円盤は降着率が増加するほど明るくなります。エディントン光度を超えるためには、エディントン限界以上の降着率が必要です。このような円盤はすでに登場しました。第5章と第6章で説明した超臨界円盤（もしくはスリム円盤）です。超臨界円盤はエディントン限界以上の降着率でブラックホールへガスを送り込み、エディントン光度以上の明るさで輝く円盤でした。この円盤こそが、放射圧駆動型ジェットを噴出するのです。標準円盤やライアフ円盤では、光度がまったく足りないのです。

超臨界円盤のシミュレーションの結果は、131ページの図5─5に載せています。そこではブラックホールへの降着率がエディントン限界を超えるかどうかに着目して説明しましたが、実はこの結果図は、放射圧駆動型ジェットが噴出することも示しているのです。図でわかるように、分厚い円盤の上下にジェットが噴き出しています。

降着率がエディントン限界を超えるほど大きくなった超臨界円盤では、円盤のガスの量がきわめて多いので、放射圧駆動型ジェットで大量のガスが噴出することになります。これは磁気圧駆動型ジェットにはない特徴です。放射圧駆動型ジェットは、磁気圧駆動型ジェットでは説明できないパワフルなジェットを説明できる可能性を持っているのです。

しかしながら、放射圧駆動型ジェットには大きな弱点があることが昔から指摘されていました。それはジェットを細く絞るメカニズムが欠けていることです。ガス円盤表面から放射された光は基本的に上下に飛んでいくので、ジェットを加速するには効率がいいのですが、ジェットを細く絞る働きはありません。よって、吹き出したガスが広がりながら飛んでいくことになるのです。図5—5をよく見れば、広がっていることがわかると思います。

## ハイブリッド・ジェットの発見

放射圧駆動型ジェットは細く絞るメカニズムが欠けている、この問題は長年にわたって研究者を悩ませてきました。その状況が変わったのはごく最近です。筆者らの研究グループが、新しいタイプのジェットを発見したのです。発見したと言っても、観測で見つけたわけではありません。大規模コンピュータ・シミュレーションを駆使してブラックホール・ジェットを再現し、それをくわしく解析して見つけ出したのです。この新型ジェットでは光の力（放射圧）に加え、磁場の効果も重要な役割を担っていました。光と磁場の効果を巧妙に組み合わせたジェットであることから、「ハイブリッド・ジェット」と名づけました。国立天文台において記者発表を行い、多数の新聞紙面（2010年10月25日付）で紹介されました。科学雑誌の『ニュートン』や『日

## ハイブリッド・ジェットの概念図

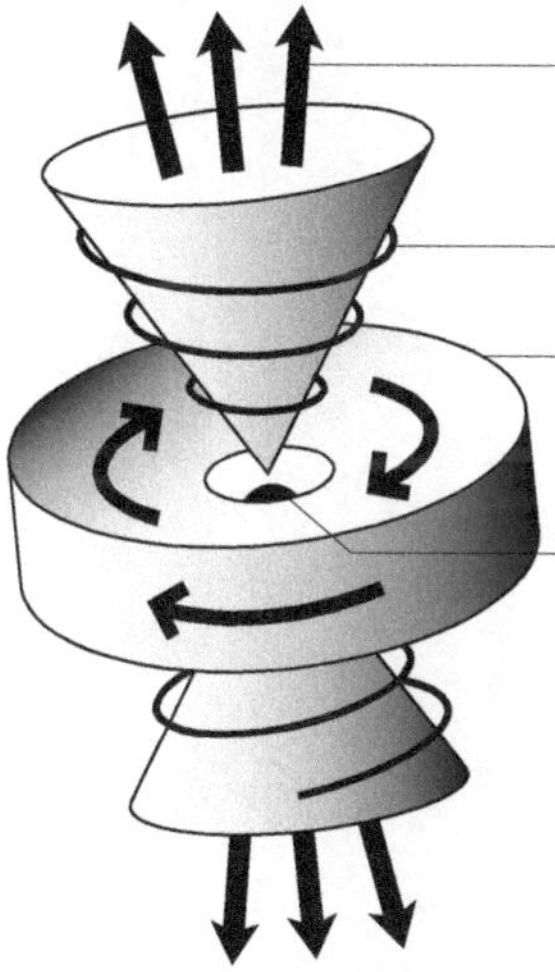


図８―７　光と磁場の効果を組み合わせたハイブリッド・ジェット

経サイエンス』（ともに２０１１年１月号）でも紹介されたので、すでにご存じの方もいらっしゃるかもしれません。では、このハイブリッド・ジェットのメカニズムについて紹介しましょう。

図８―７に示したのがハイブリッド・ジェットの概念図です。ブラックホールの周囲には、もうおなじみのガス円盤が形成されています。このガス円盤はより正確に言うと、超臨界円盤です。ブラックホールへの降着率はエディントン限界を超えていて、ガス円盤の光度はエディントン光度を超えています。猛烈に光り輝いているわけです。

ガス円盤で生成された無数の光子は主に上下方向に進み、円盤表面からガスを噴出させます。光の力によってジェットが生まれるわけです。ここまでは通常の放射圧駆動型ジェットと同じです。光の力はガスを加速し、ジェットを噴出するのには役立ちますが、ジェットを細く絞る働きはありません。

一方、磁気圧駆動型ジェットの節で説明したように、ガス円盤内部にはぐるぐる巻きの磁力線が作られます。これは超臨界円盤でも他の円盤でも同じです。光の力でジェットが吹き出すとき、このぐるぐる巻きの磁力線も円盤上空に引っ張り上げられます。電離ガスが磁力線に引っかかっているという性質は何度も登場したので、読者のみなさんももう覚えていただけたと思います。この性質があるので、ぐるぐる巻きの磁力線は噴出するガスもろとも引っ張り上げられ、ジェットに絡みつくことになるのです。図8—7ではこの磁力線を「磁気タワー」と記述しています。

ジェットに磁力線が絡みつくと、何が起こるのか？　これは本章の前半ですでに説明しました。そうです、磁場の効果でジェットは細く絞られるのです（お忘れの方は「磁気圧駆動型ジェットの収束メカニズム」の節をご覧ください）。ぐるぐる巻きの磁力線がバネのように伸びる力は磁気圧駆動型ジェットの原動力でしたが、ハイブリッド・ジェットでは役に立ちません。光の力のほうが圧倒的に強いからです。しかし、磁場の効果はジェットを細く絞る役割を果たすのです。光の力で加速し、磁場の効果で細く絞る、光と磁場の両方の効果が巧妙に組み合わされているのがハイブリッド・ジェットのメカニズムなのです。

ハイブリッド・ジェットはきわめて精緻なコンピュータ・シミュレーションによって発見されました。筆者らの研究グループは、光（放射）と磁場、ブラックホールの重力やガスの圧力といった、ブラックホール近傍で重要となるおよそすべての要素を組み込んだ大規模コンピュータ・シミュレーションに世界で初めて成功したのです。計算には国立天文台のスーパーコンピュータCray XT4を使用しました。計算に要した時間は約２週間です。２週間にわたって計算機を回し続けるのも大変なことですが、計算プログラムの開発・改良には１年以上の時間を費やしています。

シミュレーションの結果を示したのが図８―８です（カラー版は本書カバーをご覧ください）。作図は元京都大学の竹内駿氏によるものです。ブラックホールの周りには分厚いガス円盤（超臨界円盤）が形成され、光の力でハイブリッド・ジェットが噴出しています。ジェットに絡みつく白い線は磁力線です。磁力線が巻きつくことで、ハイブリッド・ジェットは細く絞られているのです。

ハイブリッド・ジェットを解明したこの計算手法は、「放射磁気流体シミュレーション」といいます。光（放射）と磁場の効果を両方組み込んだ流体計算という意味で、世界でも最先端の研

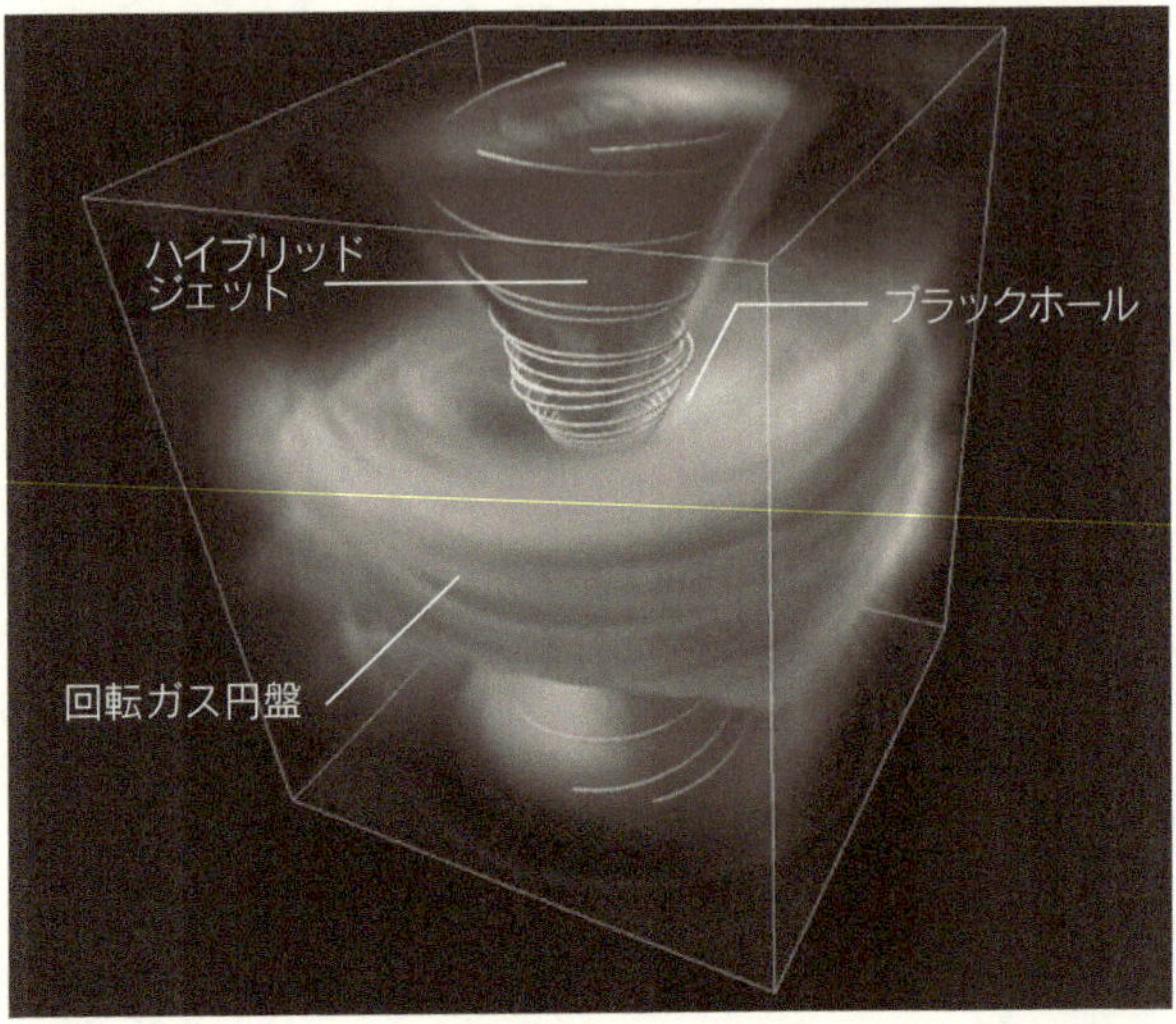


図8―8　スーパーコンピュータ・シミュレーションで発見されたハイブリッド・ジェット
動画はhttp://th.nao.ac.jp/~ohsuga/research.htmlにて公開中（ページ前半のModelA. wmv）

究手法です。光の力や放射によるエネルギー損失が、ガス円盤の構造やジェットの形成に重要な影響を与えることはここまで何度も説明してきました。また、磁場が重要であることも前章でくわしく説明しました。光の効果だけを組み込んだ放射流体シミュレーションも、磁場の効果だけを組み込んだ磁気流体シミュレーションも、強力な計算機パワーと高度な計算技術を必要とする難易度の高い研究課題です。放射磁気流体シミュレーションは、さらに高度で難解な手法ではありますが、より現実的かつ正確な円盤やジェットの研究を進めるうえで必要不可欠なものなのです。いまのところ、これに成功したのは世界的に見ても筆者らのグループだけとなっています（実は157ページ図6−4で示した3種のガス円盤も、この放射磁気流体シミュレーションで計算しています）。われわれの成功を皮切りに、今後、大いに研究が発展することは間違いないでしょう。

ただし、情けない話ですが、〝われわれの〟研究グループといっても実のところ、実際に計算しているのは筆者一人です。京都大学の嶺重慎氏をはじめバックアップ態勢は万全ですが、研究グループというには少々みすぼらしい状況となっています。世界との競争に打ち勝つためにも、多くの若手研究者を巻き込んでいきたいと画策しているところです。

## 銀河系最強のジェット

さて、ハイブリッド・ジェットはライアフから吹き出す磁気圧駆動型ジェットと異なり、大量のガスを噴出します。降着率、そしてガスの量のきわめて大きな超臨界円盤から発生するので、それだけ大量のガスが噴出するわけです。では実際に、このハイブリッド・ジェットでなくては説明できないような、大量のガスを噴出するジェットが宇宙にあるのかというと、実はあります。〝銀河系最強のジェット〟といわれるSS433です。

図8−9は電波望遠鏡VLBAがとらえたSS433の構造です。中心部から少し斜めの方向に、

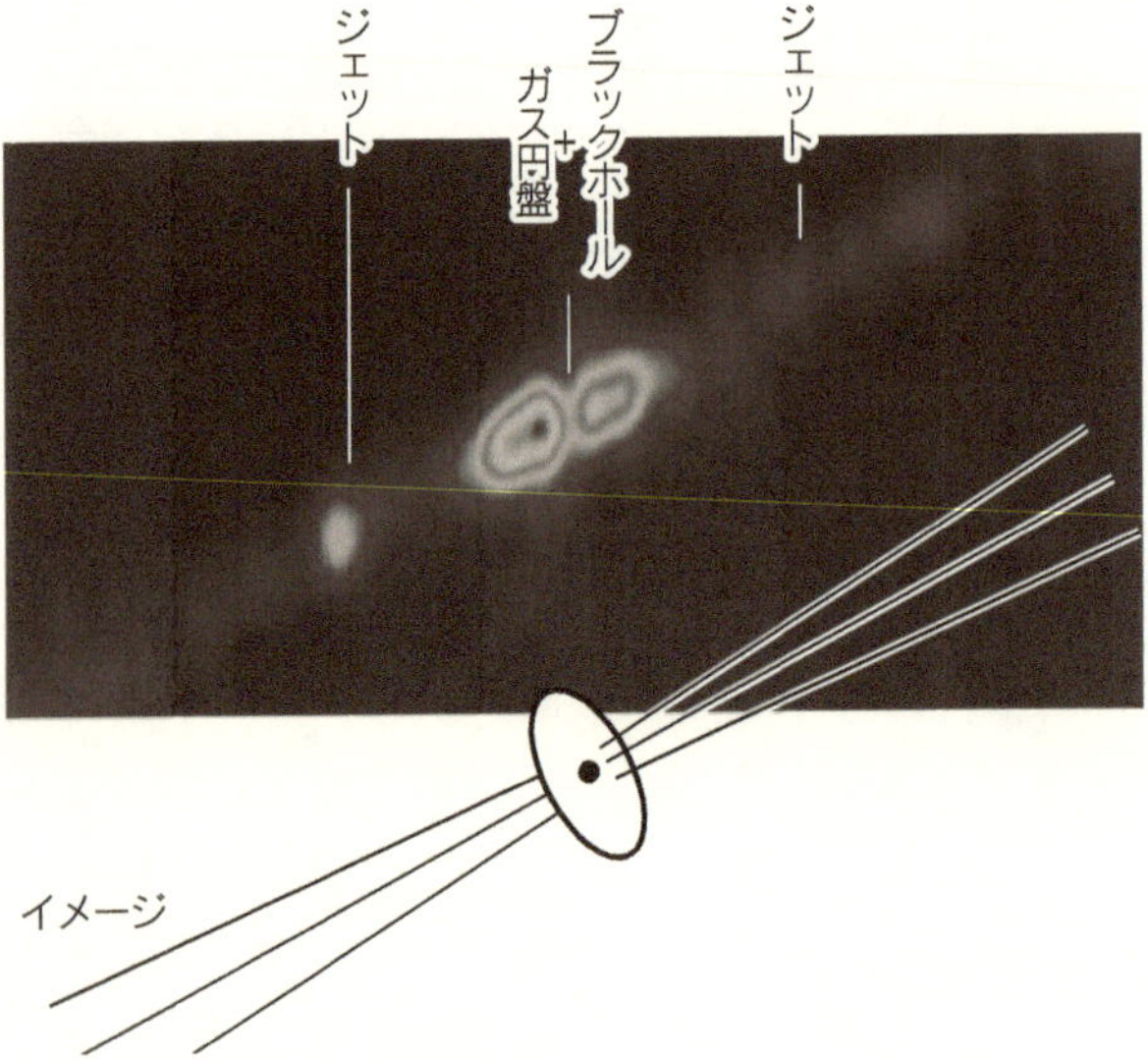


図8—9　銀河系最強のジェットを持つSS433

2本のジェットが飛び出している様子がわかると思います。SS433はわし座にある天体で、強力なジェットで大量のガスを噴出していることがわかっています。ジェットの最高速度は光速の26%と見積もられています。あまりにも大量のガスを噴出するので、磁気圧駆動型ジェットでは説明するのが難しいと考えられています。ハイブリッド・ジェットが存在する最有力の候補天体といえるでしょう。

ただし断っておきますが、このSS433にブラックホールが存在するという証拠はいまのところありません。噴出する大量のガスに遮られ、中心部を観測することができないのです。候補天体と見られるのはブラックホールと中性子星です。

いまだに決着はついていませんが、パワフルなジェットが噴出していることから、ブラックホールという説のほうが有力と見られています。

また、本章の冒頭で紹介したマイクロクェーサーGRS1915＋105もハイブリッド・ジェットを噴出している可能性があります。この天体には十数倍の太陽質量を持つブラックホールが存在します。激しい時間変動を起こし、ときどきジェットを噴出しています。最も明るい状態の光度はエディントン光度を超えている可能性があるため、定常的ではないものの、超臨界円盤とハイブリッド・ジェットが存在する可能性があるのです。

## まだ残されている謎

ここまで、ブラックホール・ジェットのメカニズムと最新の研究成果について紹介してきました。しかし、まだまだ解かれていない謎が残されています。

その一つはジェットの最高速度に関わる問題です。磁気圧駆動型ジェットやハイブリッド・ジェットでは光速の30〜70％までガスのスピードを上げることに成功しています。しかし、これで十分ではないのです。さきに紹介したSS433のジェットは光速の約26％の速度ですのでとくに問題なさそうですが、ジェットの中には光速の99％以上もの速度を持つものもあるのです。

ジェットの速度を上げるには、効率のよい加速メカニズムを解明するか、もしくはジェットとして吹き出すガスの成分を変える必要があります。本章で紹介したジェットの研究では、陽子と電子からなるガスが噴出すると考えられていますが、陽子は電子の約2000倍の質量があるので、この重さが速度上昇の妨げとなるわけです。陽子と電子ではなく、電子と陽電子（電子と同じ質量でプラスの電荷を持つ粒子）からなるガスを吹き出すことができれば、速度不足の問題は解決される可能性があります。ただし、電子と陽電子のペアを作るには、まずその材料である高エネルギーの光子を生成しなければなりません。そのような高エネルギー光子がどこでどのように作られるのかという問題に突き当たるのです。

また、ジェットの細さの問題も、実はまだ解決されていません。磁場がジェットを細く絞ることは事実ですが、シミュレーションで再現されたジェットはまだまだ太いのです。SS433のジェットはわずか数度の広がりしかないといわれています。そのような細いジェットを作り、かつはるか遠方まで広がらずに細さを維持できるメカニズムを解明することが今後の課題となっています。

さらに、最近はブラックホールの「スピン」とジェットの関係が注目されています。磁気圧駆動型ジェットの最後でも説明しましたが、ブラックホールにもM87のように強力なジェットを示すものもあれば、銀河系中心のブラックホールのようにほとんどジェットの痕跡のないものも存在します。また、同じタイプの円盤を持つのに、ジェットのパワーが異なるものも多数見つかっています。ジェットに違いがある以上、何かが異なっているはずです。それがブラックホールのスピンである可能性があるのです。

ブラックホールのスピンとは、いわばブラックホールの自転のようなものです。シュヴァルツシルトが見つけたのは自転していないブラックホールの解でした。自転しているブラックホールの解はカーによって発見されました。１９６３年のことですので、シュヴァルツシルトの発見からおよそ半世紀後です。自転の有無を区別するため、自転していないブラックホールをシュヴァルツシルト・ブラックホール、自転しているブラックホールをカー・ブラックホールと呼びます。自転するカー・ブラックホールの周りでは「時空の引きずり」という現象が起こります。簡単に言うと、カー・ブラックホールの周りのゴム膜（時空）は凹むだけではなく、自転方向にねじられるのです。この効果によって、ブラックホール近傍では磁力線もねじられます。磁力線がブラックホールに刺さっている状態でブラックホールが自転すると、磁力線の根元（ブラックホール近傍の部分）がねじられ、そのねじれが遠方に向かって伝わっていくのです。新体操の選手がリボンをくるくる回したとき、リボンのねじれが先端に向かって伝わっていくのに似ています。これは電磁気的なエネルギーがブラックホールから遠方に伝わることを意味します。このエネルギーをジェットの形成に使えれば、ジェットの違いがブラックホールのスピンで説明できるかもしれないのです。

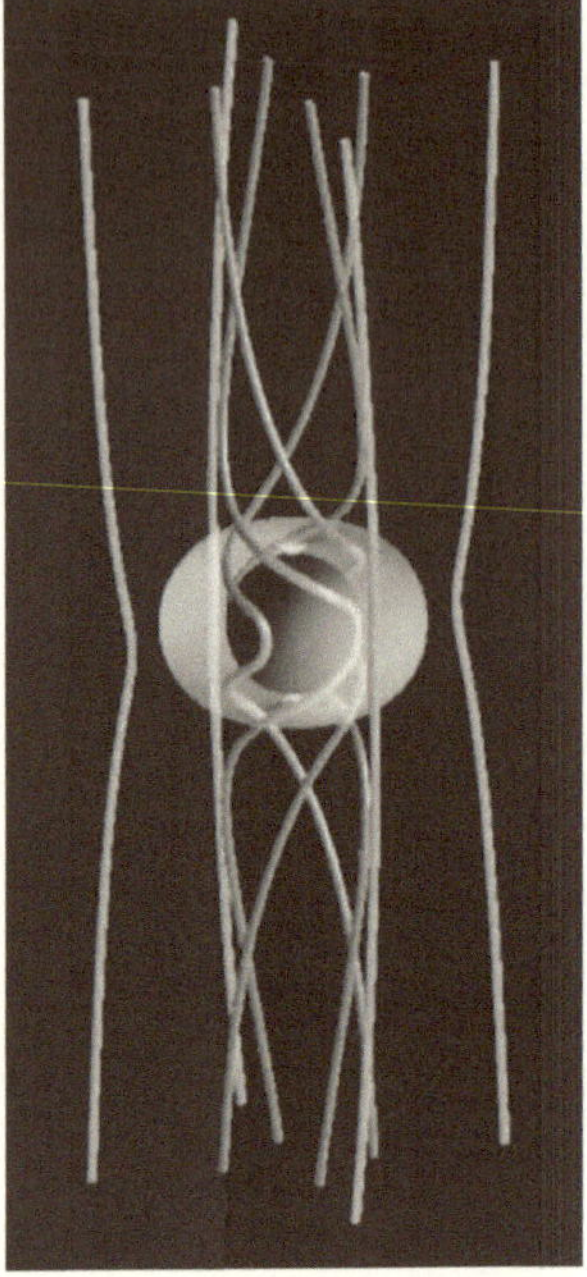

図8―10　コンピュータ・シミュレーションによるブランドフォード・ツナーエク機構（Koide et al. 2002）

このメカニズムの歴史は古く、すでに１９７０年代にブランドフォードとツナーエクによって提唱されていました。近年では、コンピュータ・シミュレーションでも調べることが可能となりつつあります。最初にそれを行ったのが小出眞路氏（熊本大学）らのグループで、図8―10がその結果図です。中央の球がブラックホール、縦に伸びている数本の線は磁力線を示しています。はじめ磁力線はまっすぐな状態でした。しかし、この図ではブラックホールのごく近傍を通過する磁力線が激しく曲がっています。ブラックホールのスピンにより磁力線がひねられているのです。このあと、ひねりは上下に伝わっていくことになります。なお、ブラックホール周囲の楕円体はエルゴ領域と呼ばれます。詳細は省きますが、「時空の引きずり」が顕著に表れる、カー・ブラックホール特有の領域です。

　ここで紹介したブランドフォードとツナーエクの機構は、ブラックホールからエネルギーを抜き出すという画期的なアイデアです。ブラックホールから物質やエネルギーを直接取り出すのは不可能ですが、磁力線を介してブラックホールの自転のエネルギーを引き抜いているのです。本章で紹介した磁気圧駆動型ジェットやハイブリッド・ジェットのエネルギー源は、あくまでブラックホールに吸い込まれるガスの重力エネルギーですので、ブラックホール自身のエネルギーを使うわけではありません。ここが決定的に違うことを理解してください。

## クェーサーの円盤風

　さて、ずいぶん長くジェットの説明をしてきましたが、本章の最後に「円盤風」という現象について解説します。ただし少々、枝葉の部分になりますので、軽く読み流していただいて結構です。

　円盤風もジェットと同じく、円盤表面からガスが噴出する現象です。ただし、ジェットがブラックホールのごく近傍から吹き出し、細く絞られた流れとなるのに対し、円盤風はブラックホールから少し離れた領域から噴出します。そして、細く絞られることなく、図8—11のように広がった流れとなります。円盤からガスが噴出する現象という点はジェットと同じですが、その形状は大きく異なっているのです。

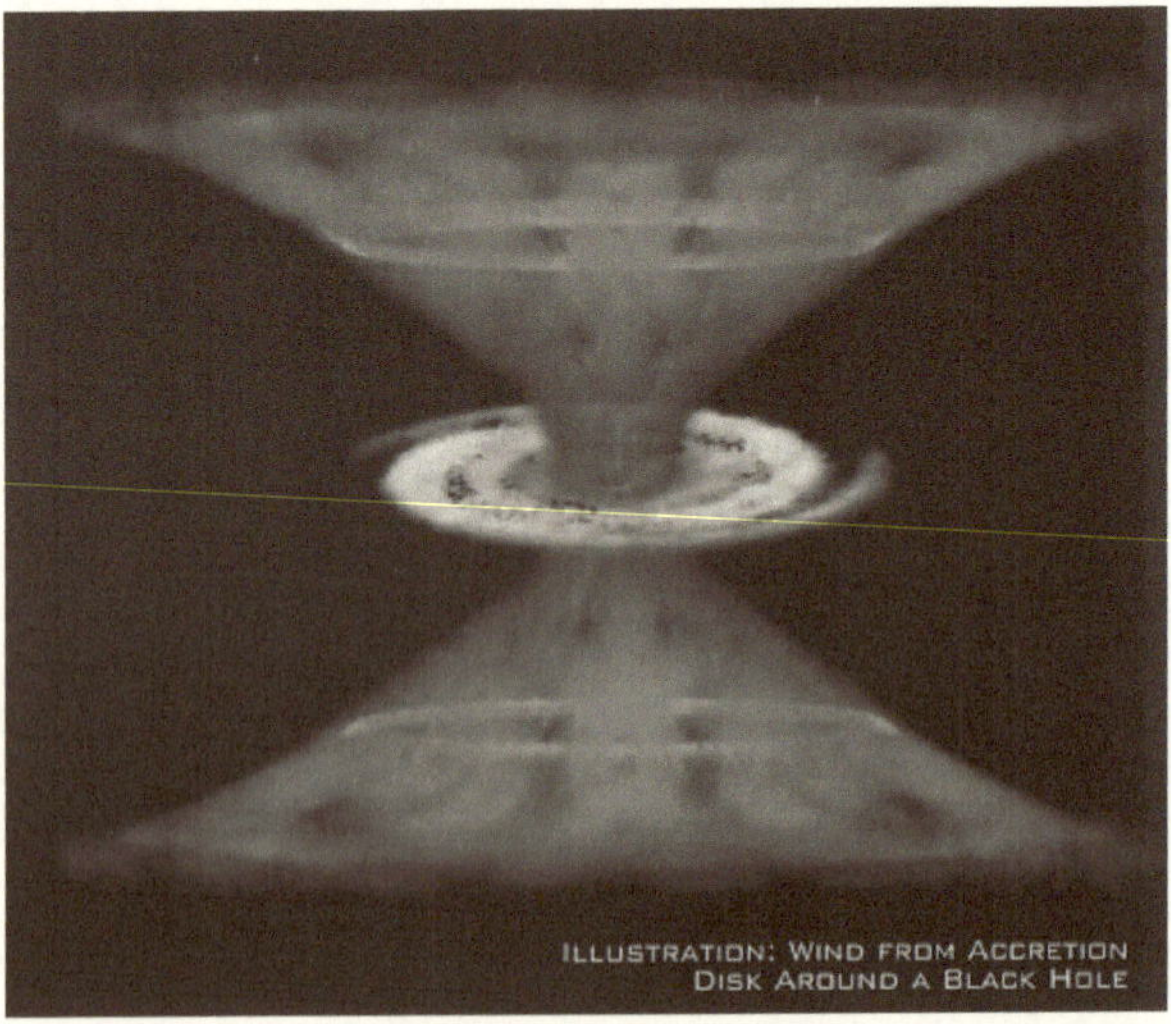


図8―11　円盤風の想像図

円盤風は一部のクェーサーでよく観測される現象です。とはいえ円盤風が直接観測できるわけではなく、あくまで円盤風でうまく説明できる観測事実があるという意味です。その観測事実とは、吸収線（第4章で説明したスペクトル線と同じ）の存在です。クェーサーからの放射スペクトルをくわしく観測すると、金属元素が起源と思われる吸収線が観測されます。しかも、この吸収線をよく調べると、金属元素を含むガスが私たち観測者に向かって高速で向かってきていることがわかったのです。

この金属を含んだ高速のガス流を説明する有力な仮説が円盤風というわけです。ちなみに天文学でいう「金属」とは、水素とヘリウム以外のすべての元素を指し、鉄やニッケルはもちろんのこと、酸素や窒素も金属に含まれます。

多くのクェーサーは、超巨大ブラックホールが標準円盤をまとったものであると考えられています。標準円盤は放射によるエネルギー損失が大きいため、効率よくジェットを生み出すことはできません。弱いながらも磁気圧駆動型ジェットを噴出する可能性はありますが、確定した理論はありません。また、明るさはエディントン光度を超えないので、光の力も重力に勝てない、つまり放射圧でガスが吹き出すことはないというのが通常の考え方です。しかし、金属元素が光を吸収するというプロセスを考慮すると、ガスが噴出する可能性があるのです。

円盤を構成するガスの主な成分は陽子と電子ですが、わずかに金属元素も含まれています。金属元素は低電離もしくは中間電離の状態（原子核の周りに電子が多数残っている状態）では紫外線を効率よく吸収するという性質を持っています。金属元素は紫外線の光子を吸収することで光の力を受けることができるのです。そして、この金属元素が受ける力が重力よりも強くなれば、周囲の陽子や電子を巻き込んで円盤から噴出することになるのです。金属元素はその種類に応じて特定の振動数の光だけを吸収（ライン吸収）するので、「ラインフォース駆動型円盤風」と呼ばれます。

これまでは、エディントン光度を境にして光の力と重力の強弱関係がひっくり返ると説明してきました。実はこのとき、金属元素が受ける光の力は無視していました。電子が受ける光の力だ

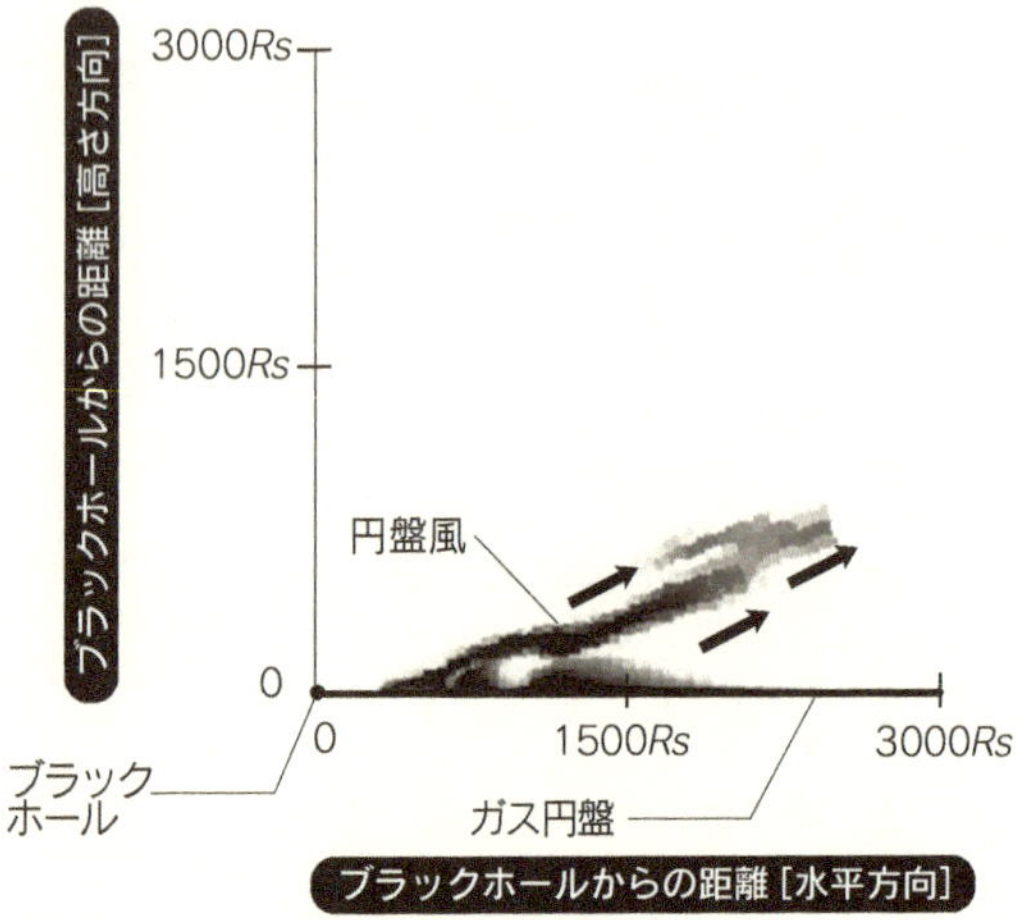


図8—12　ラインフォース駆動型円盤風のシミュレーション
(Proga et al. 2000)

けを考慮していたのです。したがって、金属元素が効率的に光を吸収すれば、明るさがエディントン光度より小さくても光の力が重力に勝ることがありえます。エディントン光度を超えない標準円盤からも、ガスが噴出することができるのです。

図8—12はコンピュータ・シミュレーションでラインフォース駆動型円盤風を調べたものです。この図は円盤と円盤風を真横から見た断面図です。原点にブラックホールがあり、標準円盤の円盤面がちょうど横軸と一致しています（ただし、標準円盤は非常に薄いので図にはほとんど見えていません）。縦軸と横軸の単位「*Rs*」はシュヴァルツ

ツシルト半径です。

図を見ると、円盤面とおよそ20度の角度で上方に向かう筋が現れていることがわかります。これが円盤風です。細く縦方向に吹き出すジェットとはまったく異なり、横方向に広がって飛んでいく様子がわかると思います。また、ブラックホールからシュヴァルツシルト半径の200〜300倍ほど離れた領域から噴出していることもわかります。

ラインフォース駆動型円盤風では、金属元素がライン吸収をして飛んでいくのですから、その放射スペクトルには当然、ライン吸収の痕跡として吸収線が現れます。放射スペクトルに吸収線が現れること、そして観測者に向かってガスが飛んでいくこと、この二つの観測事実を同時に説明できることが、ラインフォース駆動型円盤風がクェーサーの吸収線を説明するモデルとして有力視されている理由です。ほかにもいくつかの仮説が提案されていますが、二つの事実を同時に説明できるものはないのです。

では、このラインフォース駆動型円盤風はどうして、ブラックホールから少し離れたところから噴出し、ごく近傍からは噴出しないのでしょうか？

それはX線がガスの噴出を妨げているからです。ブラックホールのごく近傍では、X線が放射されていると考えられています。X線は金属元素を強く電離する効果があります。原子核の周りの電子がほとんどなくなるほど電離された状態を高階電離といい、高階電離した金属元素は、ライン吸収を起こしません。したがって、円盤風が発生しないのです。X線が十分に弱まる少し外側の領域でのみ、ガスが噴出することになるのです。

もう一つ、ラインフォース駆動型円盤風は、同じ標準円盤でも恒星質量ブラックホール周囲の標準円盤からは噴出しないと考えられています。クェーサーのような超巨大ブラックホールの周りの標準円盤は比較的温度が低く、紫外線で明るく輝くという特徴があります。一方、恒星質量ブラックホール周囲の標準円盤の温度は高く、X線で明るく輝きます。温度が高くしかもX線が強い、この状況においては、金属元素は高階電離します。よって、ラインフォース駆動型円盤風は発生しないのです。磁気圧駆動型ジェットもハイブリッド・ジェットも、そのメカニズムにブラックホールの質量は関係ありません。しかし、ラインフォース駆動型円盤風は超巨大ブラックホールの場合のみ発生するのです。

## BLACKHOLE 8 この章のまとめ

ブラックホールは何でも吸い込むだけの天体と思われがちですが、それは正しい描像とはいえません。ブラックホールのごく近傍からはジェットが、そして少し離れた領域からは円盤風が吹き出していると考えられています。ジェットは細く絞られた高速なガス流で、そのパワーはすさまじく、速度は光の速度に匹敵します。

ジェットはブラックホール周囲のガス円盤から噴出していると考えられています。ブラックホールの重力を振り切り、円盤表面のガスをはるか遠方まで吹き飛ばすには強力な加速メカニズムが必要です。また、細く絞ることも重要な条件です。

ジェットの形成メカニズムははっきりとは解明されていませんが、その一つとして磁気圧駆動型ジェットが提案されています。磁場の効果で加速しつつ細く絞るメカニズムです。放射圧駆動型ジェットは光の力で加速しますが、細く絞ることができません。近年、光の力で加速し、磁場の効果で細く絞るというハイブリッド・ジェットが新たに登場しました。また、ブラックホールのスピンによってブラックホール自身のエネルギーを使うメカニズムも重要視されています。

ブラックホール・ジェットの研究は宇宙物理学の最前線の一つです。放射、磁場、相対論を組み込んだより現実的な研究へと、いままさに発展しようとしているのです。

# 第9章

# ホーキング放射とブラックホールの蒸発

ホーキング放射はきわめて難解な現象です。正直に言いますと、私もすべてを理解していると自信を持って断言することはできません。しかしながら、ブラックホールが蒸発してしまうというその結論は大変興味深いものです。（本文より）

前章まで、超巨大ブラックホールと恒星質量ブラックホール、ガス円盤とジェットというおよそブラックホール天文学の全体像を説明してきました。そこから明らかになってきたのは、ジェットを吹き出しつつもガス円盤からガスを吸い込み、質量は増加を続けるというブラックホールの姿でした。

ところが、実はブラックホールが粒子を放出するというメカニズムも提案されているのです。これは「ホーキング放射」（ここではさまざまな粒子が放出される現象を「放射」と呼びます）と呼ばれています。

ブラックホールはホーキング放射によって粒子を放出し続けていて、そのため質量を徐々に失い、そして最後には蒸発して消えてしまうというのです。

ホーキング放射はきわめて難解な現象です。正直に言いますと、私もすべてを理解していると自信を持って断言することはできません。しかしながら、ブラックホールが蒸発してしまうというその結論は大変興味深いものです。そこで、本章ではこのホーキング放射に挑戦してみたいと思います。私なりにかなり思い切ってかみくだいた議論を展開させていただきますので、その点はご了承ください。

本題に入る前に、重要な結論を述べておきます。ホーキング放射では、質量のきわめて小さなブラックホールだけが蒸発します。これまで登場した恒星質量ブラックホールや超巨大ブラックホールが蒸発してしまう心配はありません（少なくとも宇宙年齢程度では）。したがって前章まで述べてきた理論を修正する必要はないのです。小さなブラックホールだけが蒸発してしまうというのは、ホーキング放射の最も重要な性質の一つです。これが理解できれば、もうホーキング放射の上級者と言ってもいいと思います。また、もしもスイスのジュネーブで稼働中の巨大加速器実験（本章の最後に紹介します）でブラックホールが誕生してしまっても、さほど心配いらないこともわかります。

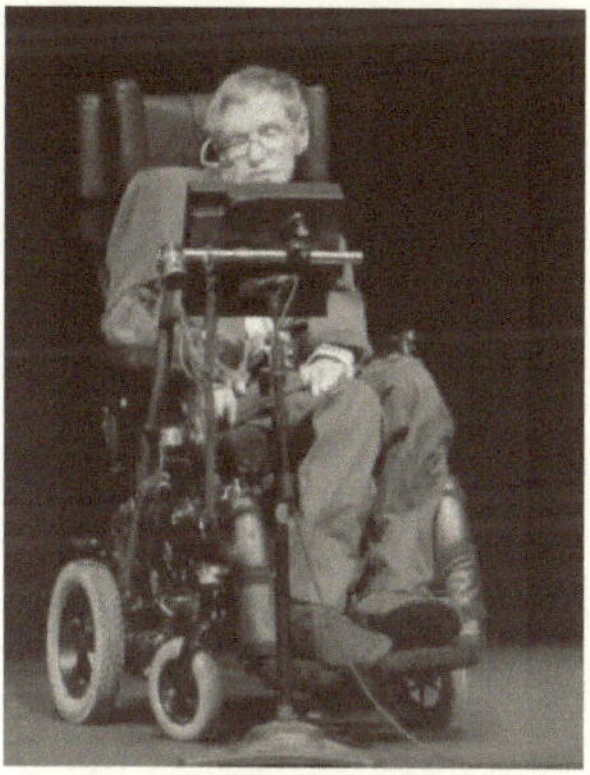
ホーキング

## ホーキング放射の大まかな説明

ホーキング放射——これを提唱したのはいうまでもなく、車椅子の物理学者として有名なあのホーキングです。ホーキングは来日したこともありますし、著書は日本でもベストセラーになりましたので、ご存じの方も多いでしょう。ホーキングはブラックホールが放射を行うことでその質量が減少し、最終的には蒸発して消えてしまうと発表しました。１９７４年のことでした。

　ホーキング放射は相対論と量子論を組み合わせることで初めて理解できる現象です。あまりに難解なので、イメージだけを伝えるのは困難です。本章を読むと何かだまされたような気分になってしまうかもしれませんが、少々我慢してください。本章の目的は、ホーキング放射のメカニズムを厳密に理解することではなく、ブラックホールが蒸発するという現象を大筋で理解することです。前半が理解できなくても気にせず、先に進んでください。後半では簡単な数式を使ってブラックホールの蒸発を解説しています。

　さて、ホーキング放射とは何かを説明するために、まずは真空とは何かという話からスタートします。現代物理学の教えるところによると、「真空」というのは本当に何もないつまらない空間ではありません。たえずペアの粒子が生まれては出会い、消滅している状態のことなのです。「揺らいでいる状態」という言い方もします。ただし、ペア粒子はあっという間に消滅しますし、平均としてみれば揺らぎは消えてしまうので、何も起こらなかったのと同じです。これを真空状態と解釈するのです。

　ところが、ブラックホールのごく近傍では状況が変わります。ペアで誕生した粒子がちゃんと出会えれば消滅することができるのですが、出会う前に片方だけがブラックホールに吸い込まれてしまう可能性があるのです。相棒を失った粒子は同様にブラックホールに吸い込まれる場合もあるでしょうが、吸い込まれるのをまぬがれ、はるか遠方に飛び去ることもありえます。はるか遠方でペアの片方を受け取った観測者は、ブラックホールから粒子が飛び出してきた――つまり粒子のエネルギーの分だけブラックホールのエネルギーが減少した、と理解するのです。これがホーキングの理論です。

真空や真空の揺らぎは相当に高度な物理なので、理解できなくても気にしないでください。少々いい加減ですが、ブラックホールによる時空の歪みが原因となり、エネルギーがブラックホールから出てくるという結果だけ覚えてもかまいません。それに真空のややこしいプロセスを理解しなくても、ホーキング放射は結局のところ、次節以降で紹介する恒星の放射（温度で決まる熱放射）という現象と同じように解釈することができてしまうのです。本章ではそのことを利用してやさしい解説を試みます。

ただし、一つだけ勘違いしないでいただきたいことがあります。すでに説明したガス円盤の放射とホーキング放射はまったく異なります。ブラックホールはガス円盤をまとうことで光り輝きますが、このとき、放射をしているのはあくまでブラックホール周囲のガスです。つまり、周りにガスがなければ円盤からの放射は起きません。ところが、ホーキング放射はガスを必要としません。ブラックホールが作り出す歪んだ時空がもとになって放射が起こるのです。

## ホーキング放射とブラックホール質量の関係

前節で述べたようにホーキング放射はブラックホールが粒子を放出する現象です。粒子を放出するということは、その粒子が持ち去ったエネルギーの分だけブラックホールがエネルギーを失ったことになります。

アインシュタインの有名な公式$E=mc^2$（エネルギー＝質量×光の速度の2乗）をご存じの方も多いでしょう。これは「エネルギーと質量は等価である」という意味です。エネルギーを失うということは、質量が減少するということでもあるのです。したがって、ホーキング放射でブラックホールがエネルギーを失うということは、まさにブラックホールの質量が減少するということなのです。

ここからは、ブラックホールはホーキング放射でどれだけのエネルギーを失うのか、そしてブラックホールの質量と、蒸発するまでに必要な時間はどのような関係になっているのかを順を追って見ていくことにします。

### ①放射の総量の推定法

少々回り道になりますが、まずは太陽の光の放射を例にとって、放射の基本的な性質を説明します。

**単位時間当たりの放射の総量の推定法**

**ステップ1　ピーク波長を探し出す**

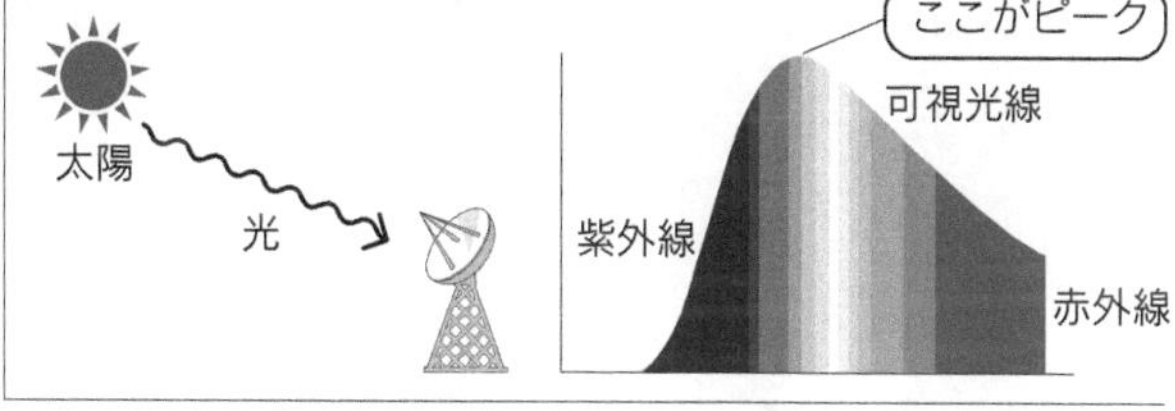


**ステップ2　公式を使って放射の総量を推定する**

公式

**単位時間当たりの放射の総量＝**

**（定数）×（星の表面積）÷（ピーク波長）$^4$**

図9―1　放射の総量は星の表面積とピーク波長で決まる

図9―1を見てください。太陽はさまざまな波長で光を放出していますが、主に可視光線で明るく輝いています。ステップ1の右の図を見るとそれがわかります。この図は波長ごとの光の強さを示したものです。左側の紫外線や右側の赤外線は比較的暗く、中央の可視光線は明るく輝いていることがわかります。では、太陽が単位時間当たりに放射する光の総量（以下では単に「放射の総量」とします）はどれほどなのでしょうか。それを知るためにはすべての波長での光の強さを測る必要がありそうですが、実はそうではありません。もっと簡単な方法があります。

放射の総量を求めるには、最も明るく

輝いている波長、すなわちピーク波長を見つけ出すだけでいいのです（図9―1のステップ1）。星の表面積を知っていれば、それとピーク波長を公式に当てはめるだけで、放射の総量はわかってしまうのです（ステップ2）。図9―1の公式には定数部分を示していませんが、ここでは星の表面積とピーク波長で放射の総量が決まることだけ理解すれば十分です。

**②ホーキング放射のピーク波長**

それではホーキング放射による粒子放射の総量を計算してみましょう。光ではなく「粒子」であることは気にしないでください。光の放射と同じように理解できますので。

まずはピーク波長ですが、実はこれがかなり難解です。ホーキング放射は実際には観測されていませんので、太陽の例のように直接測ることはできません。結果を先に述べると、ホーキング放射のピーク波長はシュヴァルツシルト半径のおよそ10倍になります（実際には十数倍ですが、そこまで正確な値を覚える必要はないでしょう）。シュヴァルツシルト半径はここでも大いに役立つのです。

ではこれから、ホーキング放射におけるピーク波長の求め方を解説します。ここが本章の最難関ですが、非常に簡単な計算によってエッセンスだけをやさしく説明しますので、気軽に挑戦してみてください。それでも難しいと感じた方は、「ピーク波長がシュヴァルツシルト半径の10倍とは覚えやすくてありがたい」と感謝して、次へ進みましょう。

**重力の公式**　$$\text{天体表面の重力} = \frac{\text{定数} \times \text{天体の質量}}{(\text{天体の半径})^2}$$

$$\text{ブラックホール表面の重力} = \frac{\text{定数} \times \text{ブラックホールの質量}}{(\text{シュヴァルツシルト半径})^2}$$

シュヴァルツシルト半径
＝定数 × ブラックホール質量

$$\text{ブラックホール表面の重力} = \frac{\text{定数}}{\text{ブラックホールの質量}}$$

**ブラックホールの熱力学では**
**表面重力が温度に対応！**

**表面重力⇔温度**

$$\textbf{ブラックホールの温度} = \frac{\textbf{定数}}{\textbf{ブラックホールの質量}}$$

図9―2　ブラックホールの温度はブラックホールの質量に反比例する

ここでは物理の熱力学という考え方を使います。実はブラックホールには熱力学が適用できるのです。ブラックホールの熱力学が教えるところでは、ブラックホール表面の重力は温度に、そしてブラックホールの表面積はエントロピーに対応します（一見するとまったく無関係に思える物理量が対応しているのが面白いところです）。

エントロピーとは乱雑さを表す指標で、熱力学ではよく使われます。ブラックホールにおいてエントロピーの理論は、ブラックホールは分裂できないという興味深い結論を導きます。本章の主題であるホーキング放射を理解するためには温度だけ調べれば十分なの

**ブラックホールの温度を求める公式** ……(1)

$$\text{ブラックホールの温度} = 1000\text{万分の}1\text{度} \times \frac{\text{太陽質量}}{\text{ブラックホール質量}}$$

**ピーク波長を求める公式(ウィーンの法則)** ……(2)

$$\text{ピーク波長} = \frac{0.3\text{cm}}{\text{温度}}$$

**(1)式と(2)式を合わせると**

$$\text{ホーキング放射のピーク波長} = 30\text{km} \times \frac{\text{ブラックホールの質量}}{\text{太陽質量}}$$

10倍！（覚えやすくてありがたい）

$$\text{シュヴァルツシルト半径} = 3\text{km} \times \frac{\text{ブラックホールの質量}}{\text{太陽質量}}$$

図9—3　ホーキング放射のピーク波長はシュヴァルツシルト半径のほぼ10倍

ですが、せっかくなので温度のあとにエントロピーについても説明することにします。

まずはブラックホールの温度です。結論を先に述べると、ブラックホールの温度はブラックホールの質量に反比例（ブラックホール質量分の1に比例）します。この理由について解説します。図9—2を見ながら読み進めてください。

ニュートンの重力理論では、天体表面での重力は比例定数を無視すると「天体の質量／天体の半径の2乗」で与えられます（ここでは大雑把な議論をしますので、一般相対論は使いません）。ブラックホールの半径はシュヴァルツシルト半径ですから、ブラックホールの表面重力は「ブラックホール質量／シュヴァルツシルト半径の2乗」となります。ここで、シュヴァルツシルト半径が質量に比例していることを思い出してください（19ページの図1―3）。それを使うと、ブラックホール表面での重力は「1／ブラックホール質量」となり（定数は無視します）、ブラックホール質量に反比例することになります。先に述べたようにこれが温度に対応するので、ブラックホールの温度はブラックホール質量に反比例することになるのです。

実際の温度を、太陽質量を基準として示します（図9―3）。たとえば10倍の太陽質量を持つブラックホールの温度は、１０００万分の1度×（太陽質量／10倍の太陽質量）で1億分の１度と、とてつもなく低温であることがわかります。

さて、温度が決まると、ブラックホールはそれに対応した放射を行います。太陽が表面温度6０００度に対応した放射をしているのと同じことです。温度に対応したブラックホールの放射、それがホーキング放射（の一つの解釈のしかた）なのです。ちなみにブラックホールの温度は、ブラックホールに温度計を突き刺して測るようなものではありません。あくまで放射に対応する物理量としての温度です。

温度から放射のピーク波長を求めるにはウィーンの法則を使います。ウィーンの法則にブラックホールの温度を代入するだけでいいのです。その結果も図9―3に示してあります。太陽質量のブラックホールの場合、ピーク波長は約30キロメートルになります。また、ピーク波長はブラックホール質量に比例することもわかります。

ここで、太陽質量のブラックホールはシュヴァルツシルト半径が3キロメートルだったことを思い出してください（↓20ページ）。ホーキング放射のピーク波長がシュヴァルツシルト半径の10倍になっていることがわかると思います。より正確に言うと、ホーキング放射のピーク波長はシュヴァルツシルト半径の十数倍となるのですが、細かい値にこだわる必要はありませんので、大雑把に10倍と覚えてしまっていいでしょう。また、以降の解説では定数にはこだわりませんので、ピーク波長がシュヴァルツシルト半径に比例することだけ理解しておけば十分です。

なお、ここで使ったウィーンの法則は、ホーキング放射に限った法則ではなく、たとえば恒星の放射にも使えます。試しに太陽の温度6000度を代入してみてください。得られる5000オングストローム（10万分の5センチメートル）は図9―1のピーク波長なのです。

**③ブラックホールは分裂しない**

さて、せっかくブラックホールの熱力学が登場したので、エントロピーについても解説します（これはあくまで余談です。ブラックホールの蒸発には関係ありません）。自然界では、乱雑さを示すエントロピーは増大することはあっても減少することはありません。これを「エントロピー増大の法則」といいます。どんなにオフィスを片づけても翌日には本が散らかってしまう現象を

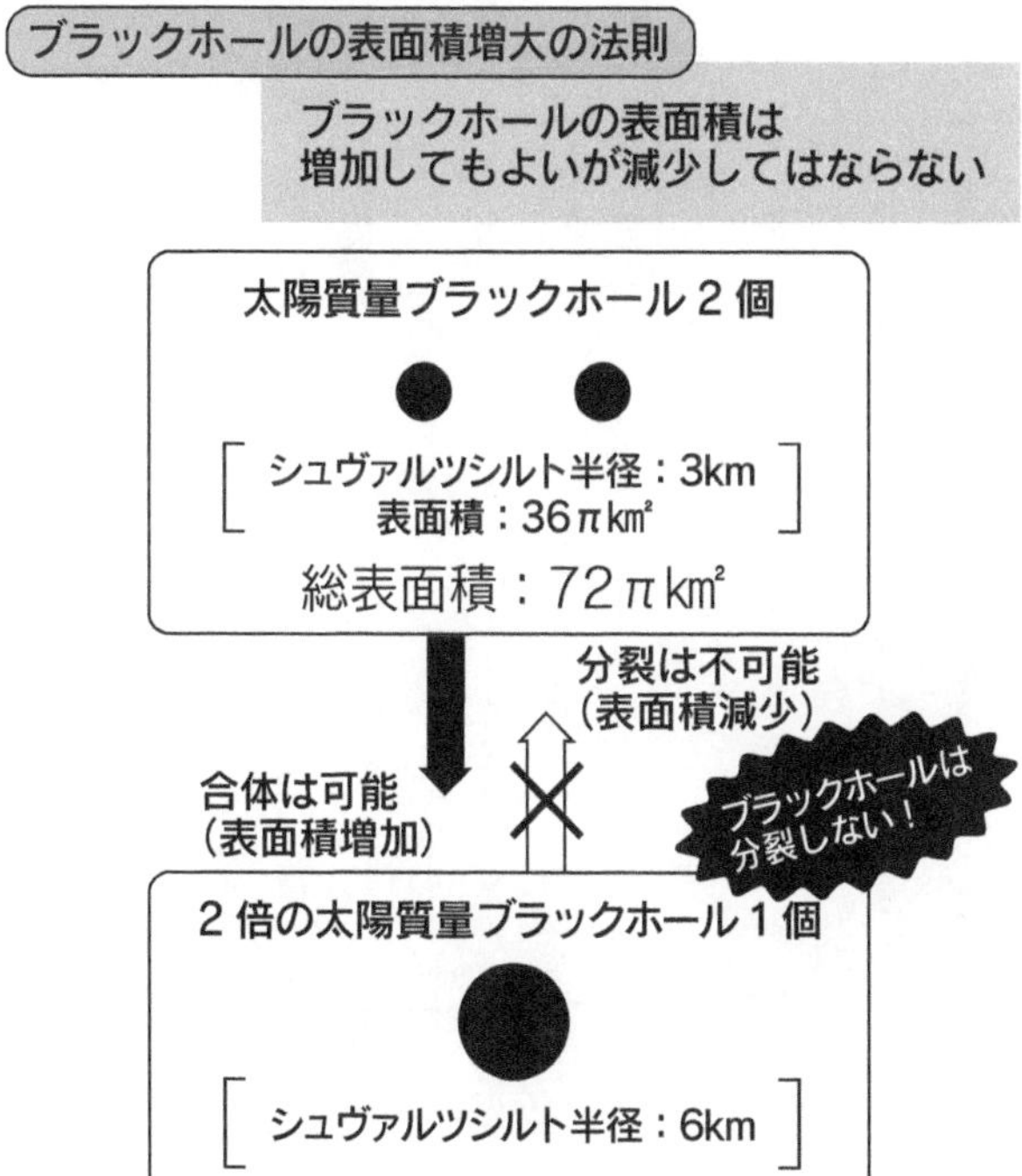
ブラックホールの表面積増大の法則
ブラックホールの表面積は
増加してもよいが減少してはならない
太陽質量ブラックホール２個
シュヴァルツシルト半径：3km
表面積：36πkm²
総表面積：72πkm²
合体は可能
（表面積増加）
分裂は不可能
（表面積減少）
ブラックホールは
分裂しない！
２倍の太陽質量ブラックホール１個
シュヴァルツシルト半径：6km
表面積：144πkm²

図９―４　ブラックホールは合体は可能だが分裂は不可能！

エントロピー増大の法則だからしかたがないという研究者もいます（私だけかもしれませんが）。

ブラックホールの熱力学では、エントロピーはブラックホールの表面積に対応します。エントロピー増大の法則は、「ブラックホールの表面積増大の法則」となります。ブラックホールの表面積が減少することは許されないのです。だからどうしたと思われるかもしれませんが、これはブラックホールの「合体は可能」だが、「分裂は不可能」であるという重大な制約を意味しています。具体的に説明しますので、図9―4も参照しながら読んでください。

太陽質量のブラックホールが二つあるとします。太陽質量ブラックホールのシュヴァルツシルト半径は3キロメートルですから、球の表面積の公式「4π×半径の2乗」に当てはめると、1個当たりの表面積は36π平方キロメートル、二つ合わせると72π平方キロメートルとなります。次に、2倍の太陽質量をもつブラックホールの表面積を求めます。シュヴァルツシルト半径が6キロメートルですから表面積は144π平方キロメートルとなります。二つの太陽質量ブラックホールが合体して2倍の太陽質量を持つ一つのブラックホールになる場合、表面積は72π平方キロメートルから144π平方キロメートルに増えるので、表面積増大の法則には違反しません。つまり、ブラックホールは合体できるのです。

逆に、2倍の太陽質量を持つブラックホールが二つの太陽質量ブラックホールに分裂することは許されません。表面積が減ってしまうからです。ブラックホールの熱力学が教える表面積増大の法則は、すなわちブラックホールの分裂を禁じる法則なのです。

ただし厳密に言うと、二つの太陽質量ブラックホールが合体してできるブラックホールの質量は、きっちり太陽質量の二倍にはなりません（計算を簡単にするため、厳密さには少々目をつぶりました)。しかし、表面積増大の法則がブラックホールの分裂を禁止していることは間違いない事実です。また、混乱しないために断っておきますが、ホーキング放射でブラックホールが小さくなると表面積が減少します。この場合、ブラックホールのエントロピーは減少しますが、放射によってエントロピーを宇宙空間に捨てているので、宇宙全体で見ればエントロピーは増大している(エントロピー増大の法則は破れていない)と考えられています。

## ④小さいブラックホールほどホーキング放射は強い

やや話がそれましたので、ホーキング放射に話を戻しましょう。

ここまでの解説を納得できなかった方も、気にせずに結果だけを頭に入れて先に進んでください。本章の最難関が終わるまであと少し、そのあとは興味深いブラックホールの蒸発へと話が進んでいきますので。

さて、ブラックホールの表面積の求め方は次の通りです。ブラックホールのサイズはシュヴァルツシルト半径、球の表面積は「4π×半径の2乗」で決まりますので、〝4π×シュヴァルツシルト半径の2乗〟、これがブラックホールの表面積です。定数は重要ではありませんので、シュヴァルツシルト半径の2乗であることだけを覚えてください。

ピーク波長と表面積がわかったところで、いよいよホーキング放射の総量を計算しましょう。図9―5を見てください。ピーク波長がシュヴァルツシルト半径に比例し、表面積はシュヴァル

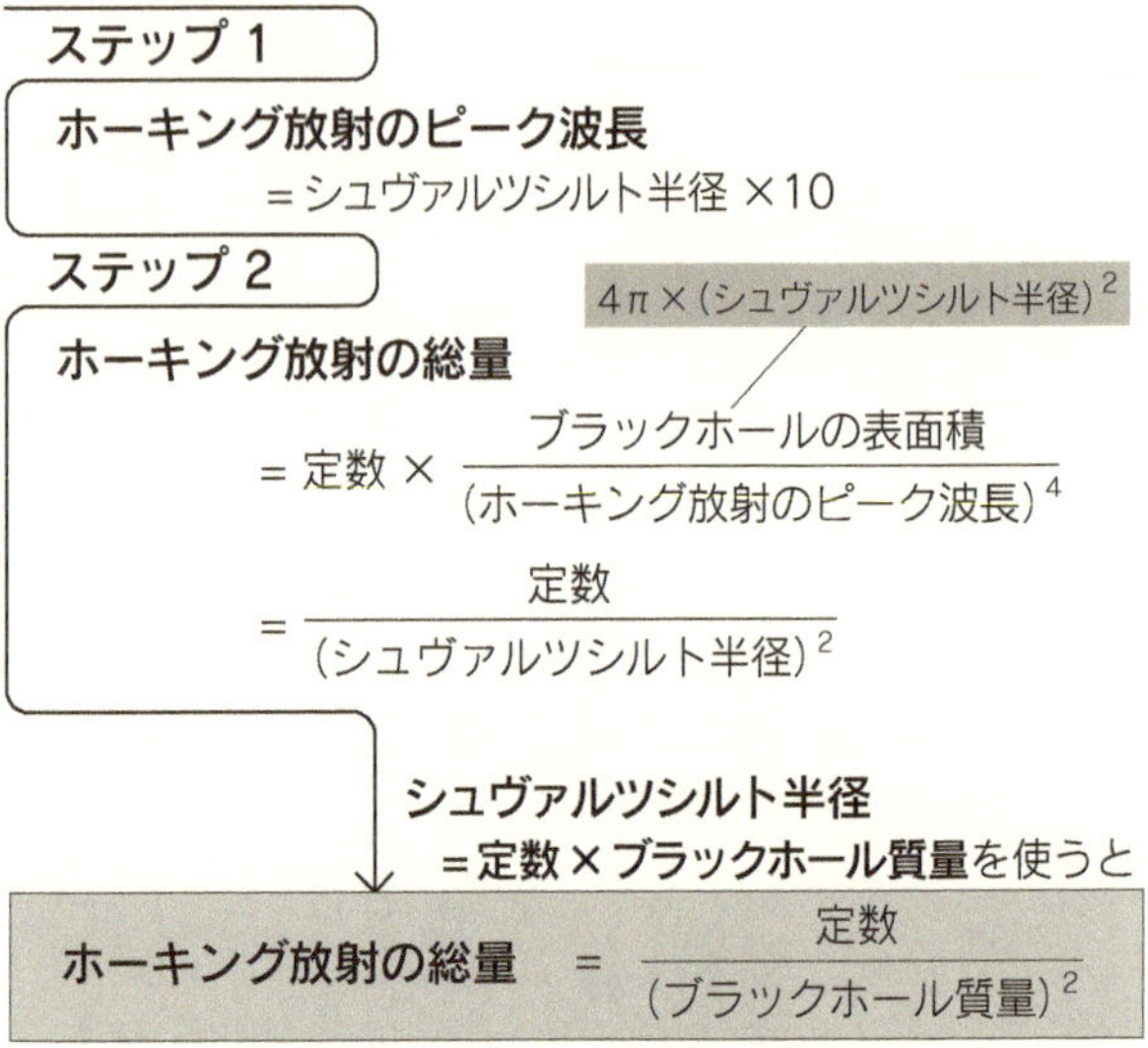

ステップ1
ホーキング放射のピーク波長
＝シュヴァルツシルト半径×10
ステップ2
4π×(シュヴァルツシルト半径)²
ホーキング放射の総量
＝定数× ブラックホールの表面積 / (ホーキング放射のピーク波長)⁴
＝ 定数 / (シュヴァルツシルト半径)²
シュヴァルツシルト半径
＝定数×ブラックホール質量を使うと
ホーキング放射の総量 ＝ 定数 / (ブラックホール質量)²

図9—5　ホーキング放射の総量

ツシルト半径の2乗になります。簡単な計算からわかると思いますが、放射の総量はシュヴァルツシルト半径の2乗分の1となります。シュヴァルツシルト半径はブラックホールの質量と比例関係にありますから、質量で言いかえると、ホーキング放射の総量はブラックホールの質量の2乗分の1となります。

つまり質量の小さなブラックホールほど、ホーキング放射は強くなるというわけです。通常の恒星は質量が大きいほど明るく輝きますが、それとはまったく反対の結果となっています。これがホーキング放射の重要な特徴です。

## ブラックホールが蒸発するまでの時間

**ブラックホールが蒸発するまでに必要な時間**

ブラックホール質量 ×（光の速度）$^2$

$$= \frac{\text{ブラックホールのエネルギー}}{\text{ホーキング放射の総量}}$$

$$\frac{\text{定数}}{(\text{ブラックホール質量})^2}$$

↓

**ブラックホールが蒸発するまでに必要な時間**

**= 定数 ×（ブラックホール質量）$^3$**

図9―6　ブラックホールの蒸発時間

もうゴールは目前です。それではブラックホールの質量と、蒸発するまでに必要な時間を調べていきましょう。

質量とエネルギーが等価であることはすでに説明しました。つまり、ブラックホールがそのエネルギーをすべてホーキング放射で失うまでの時間、それが蒸発（質量をすべて失う）に必要な時間ということになります。これは簡単な計算です。ブラックホールのエネルギーをホーキング放射の総量で割ればいいのです。ブラックホールのエネルギーはアインシュタインの公式から「質量×光速の2乗」となりますから、これをホーキング放射の総量で割ります。

図9―6を見てください。ホーキング

放射の総量が質量の2乗分の1であることを使って計算した結果、蒸発までにかかる時間は、ブラックホール質量の3乗となります。1グラムと10グラムのブラックホールがあったとすると、10グラムのブラックホールが蒸発するのに要する時間は、1グラムのブラックホールの1000倍にもなるのです。小さなブラックホールのほうが圧倒的に短い時間で蒸発することが理解できたでしょうか。

ここではこれ以上くわしい計算はしませんが、宇宙年齢の間に蒸発できるブラックホールの質量は、最大で小惑星程度（太陽質量の100億分の1のさらに10億分の1）です。つまり、恒星質量ブラックホールや超巨大ブラックホールがホーキング放射で蒸発するには、宇宙年齢よりもはるかに長い時間が必要なのです。恒星質量ブラックホールの場合は、宇宙年齢の1億倍の1億倍の1億倍の……と1億倍を7回繰り返してもまだまだ足りないくらいの時間が必要です。超巨大ブラックホールの場合は数えるのも嫌になるくらいです。したがって、前章までに登場したこれらのブラックホールに関しては、蒸発はもちろん、質量が減少することもまったく気にする必要がないのです。

さて、小さいブラックホールのほうが早く蒸発するというのは、考えてみれば当たり前のように思えるかもしれません。身近な例でも、雪だるまも飴玉も小さいほうが早く溶けてなくなってしまいます。しかし、ブラックホールの蒸発は雪玉や飴玉と同じではないのです。では、ブラッ

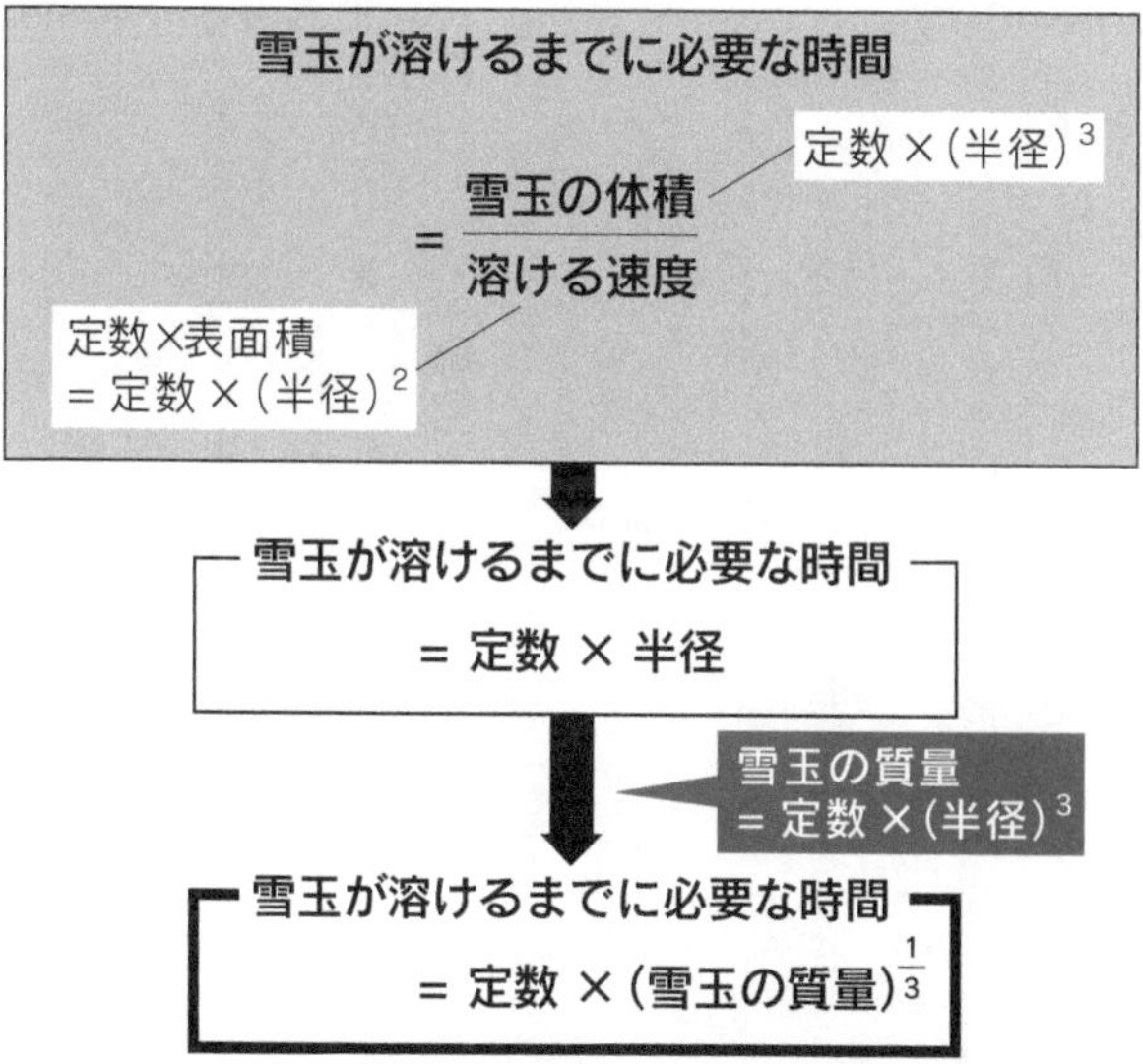
雪玉が溶けるまでに必要な時間
= 雪玉の体積／溶ける速度
定数×(半径)$^3$
定数×表面積
= 定数×(半径)$^2$
雪玉が溶けるまでに必要な時間
= 定数 × 半径
雪玉の質量
= 定数×(半径)$^3$
雪玉が溶けるまでに必要な時間
= 定数 ×(雪玉の質量)$^{\frac{1}{3}}$

図９―７　雪玉や飴玉が溶けるまでにかかる時間

クホールの蒸発が特殊な性質を持つことを解説しましょう。

雪玉や飴玉は、温められることで表面から溶けていき、最終的には消えてなくなります。熱は表面から伝わるので、溶ける速度は表面積に比例します（ほかにも複雑な現象が起こっているかもしれませんが、ここでは簡単に考えることにします）。この場合、溶けるまでにかかる時間は〝体積／溶ける速度〟で求められます。体積は半径の３乗に比例し、溶ける速度が半径の２乗に比例（表面積は半径の２乗に比例）することを思い出すと、溶けるまでにかかる時間は半径に比例することになります。雪玉や飴玉の質量はおよそ体積で決まります。つまり半径の3乗です。よって、溶けるまでにかかる時間を質量で表すと、質量の3分の1乗に比例するという結果になります（図9―7）。

雪玉や飴玉の場合も確かに小さなほうが早く溶けてしまうのですが、必要な時間と質量の関係はブラックホールの蒸発とまったく異なります。ブラックホールの蒸発の場合は質量が10分の1になると蒸発に必要な時間は1000分の1になりますが、雪玉や飴玉の場合は、質量が10分の1になっても溶けるまでの時間は約半分にしかならないのです。より正確には、質量が時間変化していく様子を計算しなければなりませんが、ほとんど結果は変わりません。ホーキング放射によるブラックホールの蒸発には、このように特殊な性質があるのです。

## ミニブラックホールの蒸発

ところで、恒星質量ブラックホールや超巨大ブラックホールが半永久的に蒸発しないからといって、ブラックホールの蒸発が非現実的な理論上の産物であるとは限りません。きわめて質量の小さなブラックホール（ここではミニブラックホールと呼びます）の存在が議論されていて、そのようなブラックホールはまさにホーキング放射で蒸発してしまうと考えられているのです。

現在、天文学者がターゲットとしているのは主に恒星質量ブラックホールと超巨大ブラックホールですが、宇宙の初期にはミニブラックホールが無数に形成された可能性が議論されています。そしてミニブラックホールは、ホーキング放射で蒸発している可能性があるのです。すでに説明したように、ホーキング放射はブラックホールの質量が小さいほど明るくなります。したがって、ミニブラックホールが蒸発するその最期の瞬間、きわめて明るく輝くと考えられます。しかし現状では、そのようなミニブラックホールの瞬きはまだ見つかっていません。

また、ブラックホールやホーキング放射ははるか彼方の宇宙の話というのがこれまでの常識でした。しかし、そうとも言っていられない時代がやってきました。スイスのジュネーブで大型ハドロン衝突型加速器、ＬＨＣが稼働したのです。ＬＨＣは、およそ光速まで加速した超高エネルギーの粒子どうしを衝突させる実験をしています。実験の主な目的は「余剰次元」を検出することです。この宇宙は一見、４次元時空（空間３次元＋時間）のように思えますが、実際はそれ以上の次元がある可能性があり、それを確かめようというのです。

余剰次元はさておき、実験の副産物としてミニブラックホールが誕生する可能性が指摘されました。これはちょっとした騒ぎになったのでご存じの方も多いと思います。誕生したミニブラックホールが、地球を飲み込んでしまう事態が危惧されたのです。しかし、どうやらその心配はないようです。このような質量の小さなブラックホールは、ホーキング放射であっという間に蒸発してしまうと考えられるからです。ちなみにＬＨＣでミニブラックホールが誕生したという報告はまだありません。仮にホーキング放射が間違っていて（実際まだ確認された理論ではありません）、ＬＨＣで誕生したブラックホールが蒸発しなかったとしても、いきなり地球が飲み込まれてしまうことはありません。ブラックホールの質量が非常に小さければ、その重力が及ぶ範囲も狭くなります。ミニブラックホールが重力の及ぶ領域の物質を次々に飲み込んで成長を続けても、地球が飲み込まれるまでには宇宙年齢よりもはるかに長い時間がかかるでしょう。

## BLACKHOLE 9 この章のまとめ

車椅子の物理学者ホーキングは驚くべき理論を提唱しました。ブラックホールの作り出す歪んだ時空に起因するホーキング放射によって、ブラックホールの質量は減少し、最後には蒸発して消えてしまうというのです。ホーキング放射でブラックホールが蒸発するのに必要な時間はその質量に強く依存します（質量の３乗に比例）。恒星質量ブラックホールや超巨大ブラックホールが蒸発することは現実にはありませんが、きわめて質量の小さなブラックホール（ミニブラックホール）は実際に蒸発する可能性があるのです。ミニブラックホールはまだ発見されていませんが、宇宙初期に形成され、いままさに蒸発している可能性が残されています。また、ミニブラックホールの蒸発は、宇宙ではなく地球上の実験で確認されるかもしれません。まだ報告はありませんが、ＬＨＣの実験でミニブラックホールが誕生する可能性が指摘されているのです。

# 第10章

# ブラックホールを見る

本章では、現在稼働中の、もしくは近未来に稼働予定の観測計画を紹介しつつ、ブラックホールの何が明らかになると期待されるのか、将来の楽しみについて解説します。（本文より）

現代物理学の申し子として理論物理学の分野に登場したブラックホールは、前世紀後半にその存在が信じられるようになると一躍、天文学の研究対象となりました。そして、ガス円盤をまとうブラックホールが、強力な放射やジェットという超高エネルギー現象を引き起こしていることがわかってきました。

しかし、ブラックホールが存在するという確かな証拠はあるのでしょうか？　残念ながら、その確証はいまだに得られていません。恒星質量ブラックホールをX線観測で発見した（第3章）、超巨大ブラックホールからの電波をとらえた（第4章）というのは、かなり確実とはいえ厳密に言えば傍証の域を出ていないのです。

また、ブラックホールの生涯もまだまだわからないことだらけです。大質量星が超新星爆発を起こして死を迎える瞬間、恒星質量ブラックホールが誕生すると理論家は予想しています。しかし、これも証拠があるわけではありません。さらには、超巨大ブラックホールの形成メカニズムもまったくわかっていません。

天文学者はブラックホールが存在する確かな証拠を探し求め、そしてその誕生と成長の様子を解き明かそうと、この瞬間も努力し続けているのです。本章では、現在稼働中の、もしくは近未来に稼働予定の観測計画を紹介しつつ、ブラックホールの何が明らかになると期待されるのか、将来の楽しみについて解説します。

## ブラックホールはどう見えるか

ブラックホール自体は光さえ脱出できない暗黒天体です。したがって、原理的に直接観測することはできません。しかし、宇宙空間に浮かぶ黒い穴を見つけることができれば、それこそがブラックホールが存在することの直接証拠といえるでしょう。それには非常に高性能な望遠鏡が必要で、従来の観測装置では不可能でした。現在最も期待されているのが電波干渉計なのですが、干渉計の話に進む前に、そもそもブラックホールとはどのように見えるものなのかについて解説します。

まずはガス円盤をまとっているブラックホールについて考えましょう。ブラックホール自体は暗黒で光りませんが、ガス円盤は明るく輝いています。するとどう見えるでしょうか。多くの方は図10―1のように、暗黒な球の周りに明るい円盤が回転している状況を想像されるでしょう。しかし、これは正しくありません。相対論効果を考慮していないからです。正しくはどう見えるのか、考えてみましょう。

まずは特殊相対論効果です。特殊相対論によると、光源が観測者に向かってくる（近づいてくる）運動をしている場合、実際よりも明るく観測されます。反対に、遠ざかる光源からの光は実際よりも暗く観測されます。ブラックホール周囲の円盤は高速で回転しているので、円盤の左右

**Q　ガス円盤をまとうブラックホールは実際にはどう見えるのでしょうか？**

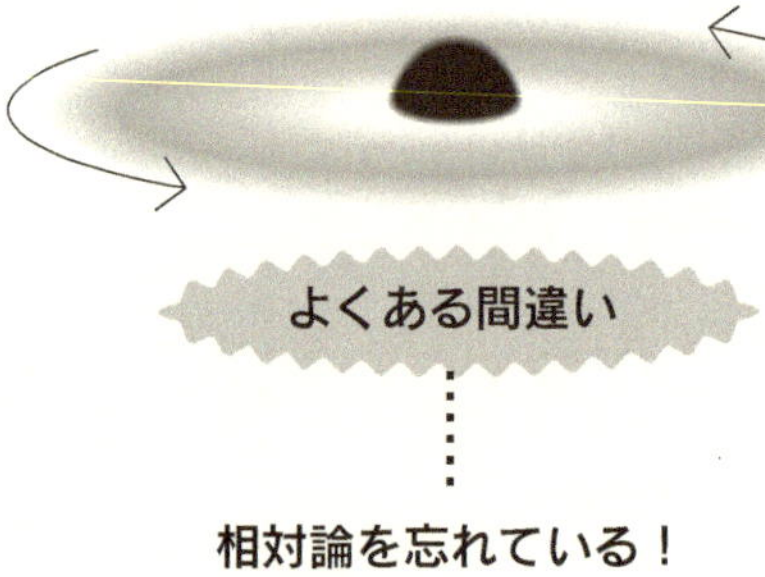


図10―1　ガス円盤をまとうブラックホールの見え方
①よくある間違い

の一方が明るくなり反対側が暗くなるのです。図10―2の上を見てください。この例ではブラックホールの左側が明るくなり、右側が暗くなるのです。

次は一般相対論効果です。質量により天体の周囲の空間が歪むと、光の軌道も曲がります。このことを第2章では凹むゴム膜のイメージを使って説明しました。ブラックホールの周りでは激しく空間が歪むので、光の曲がりも大きくなります。この効果を考慮すると、観測者から見てブラックホールの向こう側の円盤で放射された光が、観測者に届くことになるのです。本来なら見えないはずの光が見えるという驚

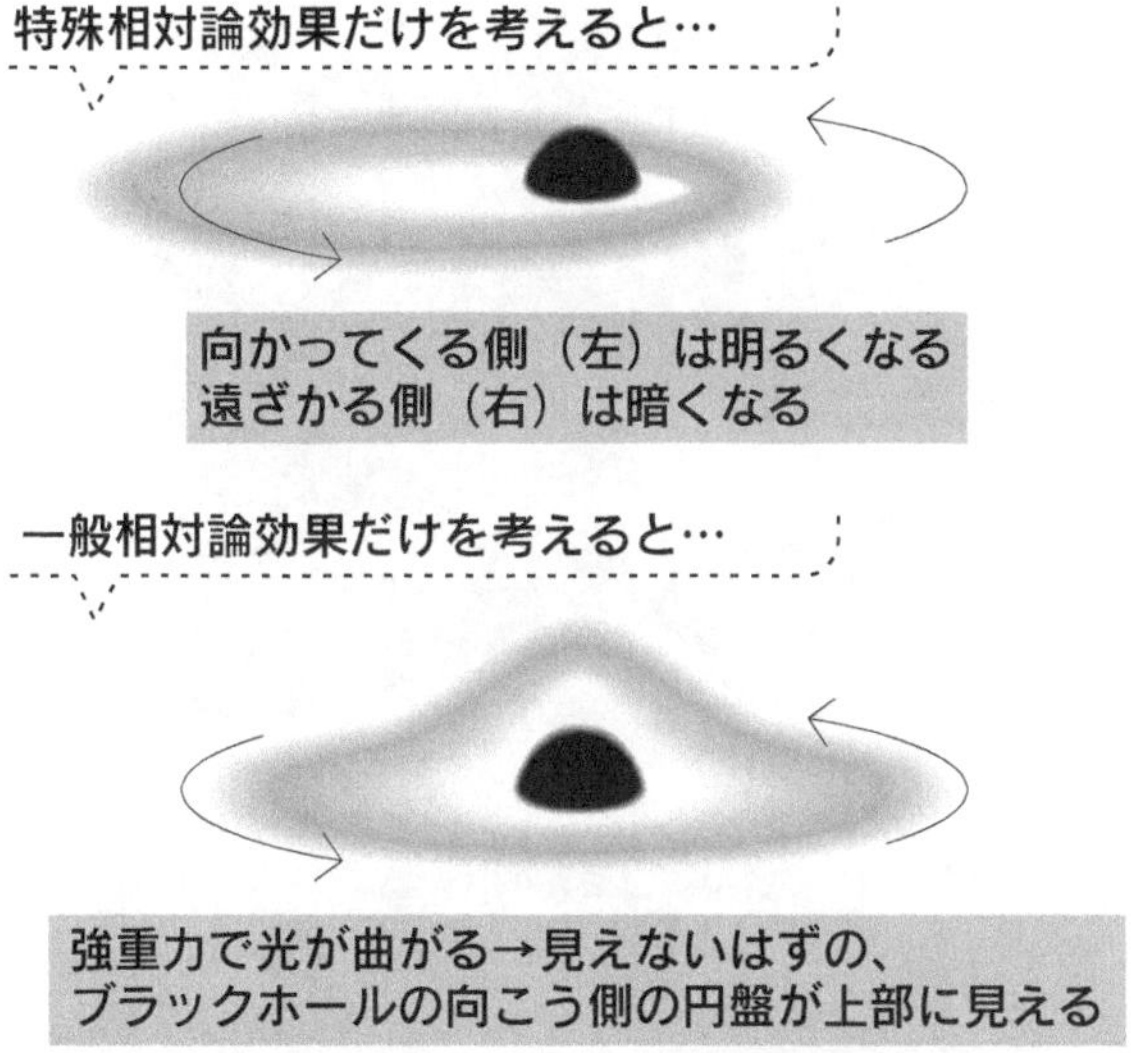
特殊相対論効果だけを考えると…
向かってくる側（左）は明るくなる
遠ざかる側（右）は暗くなる
一般相対論効果だけを考えると…
強重力で光が曲がる→見えないはずの、
ブラックホールの向こう側の円盤が上部に見える

図10―2　ガス円盤をまとうブラックホールの見え方
②特殊相対論効果（上）と③一般相対論効果（下）

くべき結果です。図10―2の下を見てください。ブラックホールの上部が明るくなっています。ブラックホールの向こう側の円盤で放射された光の軌道が曲がり、ブラックホールの上を通って観測者に届くのです。

以上のような特殊相対論効果と一般相対論効果を考慮すると、正しいブラックホールの見え方は図10―3のようになります。特殊相対論効果により左側が明るく（右側が暗く）なり、一般相対論効果によって、ブラックホールの上側が明るくなります。相対論効果で歪められた円盤の像の中に、黒い

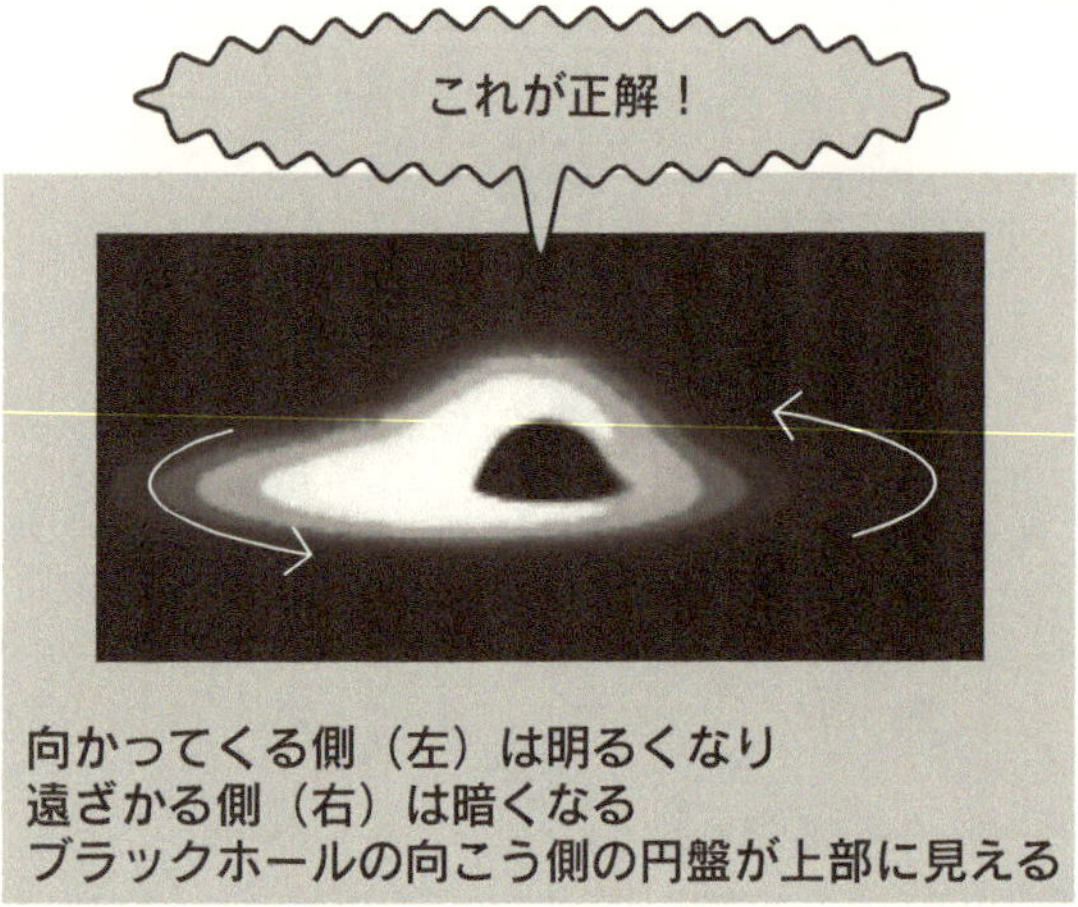
これが正解！
向かってくる側（左）は明るくなり
遠ざかる側（右）は暗くなる
ブラックホールの向こう側の円盤が上部に見える

図10―3　正しいブラックホールの見え方（大阪教育大学 福江純氏の計算による）

影としてブラックホールが浮かび上がるのです。図10―1とはまったく異なる見え方になることがよくわかると思います。

ここで補足しておきますが、特殊相対論効果により、光の波長がずれるという現象も起こります。観測者に向かってくる運動をする光源からの光の波長は短く（青方偏移）、反対に遠ざかる運動をする光源からの光の波長は長く（赤方偏移）なるのです（このことは第4章で解説しています）。すると、円盤の左右で明るさが異なるだけでなく、光の波長、つまり色も異なって見えるのです。また、一般相対論効果も光の波長に影響を与えます。ブラックホールの地平面近くで放射された光は波長が長くなるのです。これを重力赤方偏移といいます（第2章で解説しています）。本章では波長のずれに関しては深く立ち入りませんが、覚えておかれるとよいでしょう。

ここまでは円盤をまとうブラックホールについて解説しました。ブラックホール自身は暗黒であっても、ガス円盤の中に浮かぶ黒い影としてブラックホールを見ることができるのです。それでは、円盤のない裸のブラックホールを見ることはできないのでしょうか？

実はそれも可能です。ブラックホールの背景に、何か光源があればいいのです。影絵を思い出してください。影絵では、紙や木で作った人形に背景から光を当て、スクリーンに人形の影を映し出します。人形自体は光っていませんが、影を利用しているのです。ブラックホールでも、ブラックホール自体が光っていなくても、背景に光源があれば影として浮かび上がって見えることでしょう。大阪教育大学の福江純氏はこのことを〝闇夜のカラス〟と呼んでいます。暗い夜空を飛ぶカラスであっても、背景に光があれば影として見えるという意味です。みごとなネーミングです。

図10－4に具体的な計算例を紹介します。まさに影絵のようにブラックホールの黒い穴が浮かび上がっている様子がわかると思います。ちなみに左右で影の形が異なっているのは、ブラックホールのスピンの影響です。スピンとは第8章でも説明したブラックホールの自転のようなもの

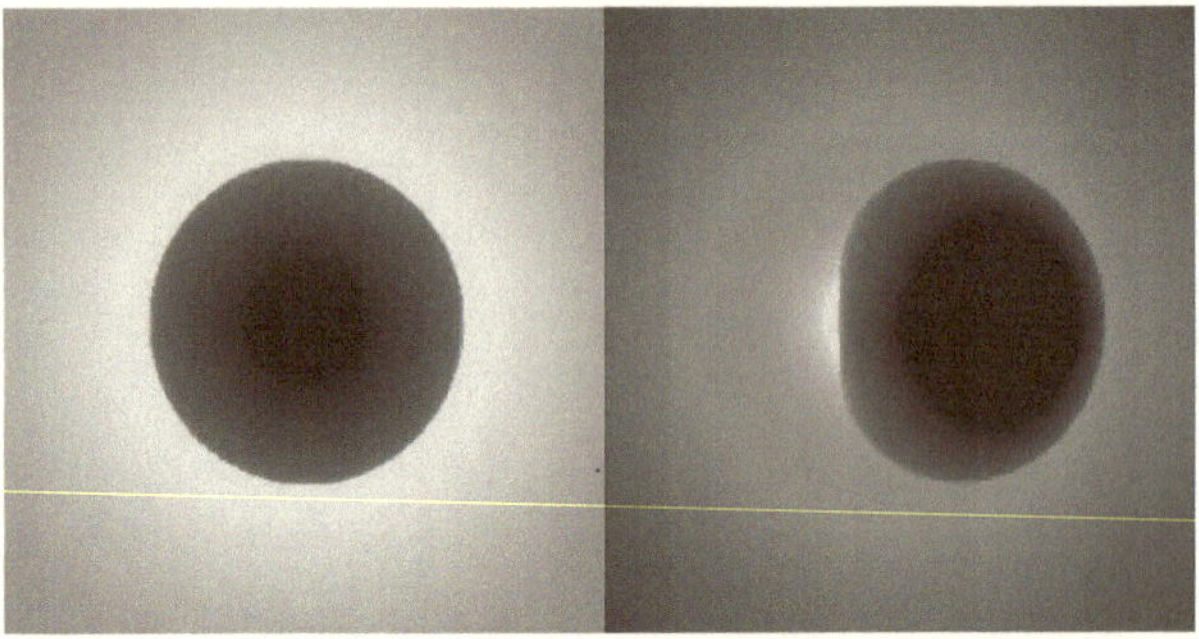

図10―4　ブラックホールの影：シュヴァルツシルト・ブラックホール（左）とカー・ブラックホール（右）
（苫小牧高専の高橋労太氏の計算による）

で、スピンしていないブラックホールをシュヴァルツシルト・ブラックホール、スピンしているブラックホールをカー・ブラックホールと呼ぶのでした。カー・ブラックホールの周りのゴム膜（時空）は、「時空の引きずり」によって凹むと同時に自転方向にひねられます。すると、光の軌道、すなわち曲がり方も変わるので、左右非対称な形が現れるのです。これは大変重要な意味を持っています。ブラックホールの影の形を詳細に観測することができれば、ブラックホールのスピンを測ることができるのです。

## 電波干渉計でブラックホールの影を見る

さて、ブラックホール（の影）の見え方がわかったところで、観測の話に戻りましょう。ブラックホールを観測するうえでの障害はいくつもありますが、最大の問題はブラックホールがとにかく小さい天体だということです。太陽の1億倍の質量を持つ超巨大ブラックホールのサイズ（シュヴァルツシルト半径）は3億キロメートルです。およそ地球の公転軌道程度となります。銀河や宇宙のスケールと比べると、これはあまりにも小さいのです。太陽の10倍の質量を持つ恒星質量ブラックホールに至っては、たかだか30キロメートルほどしかありません。ブラックホールの影の大きさは、シュヴァルツシルト半径の数倍になることがわかっていますが、それでもはるかに小さいことに違いはありません。

このような小さな天体であるブラックホールを観測するためには、きわめて高性能な望遠鏡が必要であることは言うまでもありません。ここで必要な望遠鏡の性能とは、小さなものの形を見分けることができる性能です。専門用語では空間分解能といいます。空間分解能は人間でいえば視力に相当します。視力検査では「C」の形のマークを見て、どの方向が開いているかを聞かれ、どれだけ小さな「C」の形を区別できるかで視力が決まります。これが空間分解能です。非常に暗いものを検出できる性能や、光の波長（色）を細かく識別できる性能も優れているに越したことはありませんが、ブラックホールの影を見つけるには、とにもかくにも空間分解能の優れた望遠鏡が必要なのです。

いかにして空間分解能を上げるか？　それが問題です。とにかく大きな望遠鏡を作るということはすぐに思いつきますが、それには限界があります。そこで登場するのが電波干渉計なので

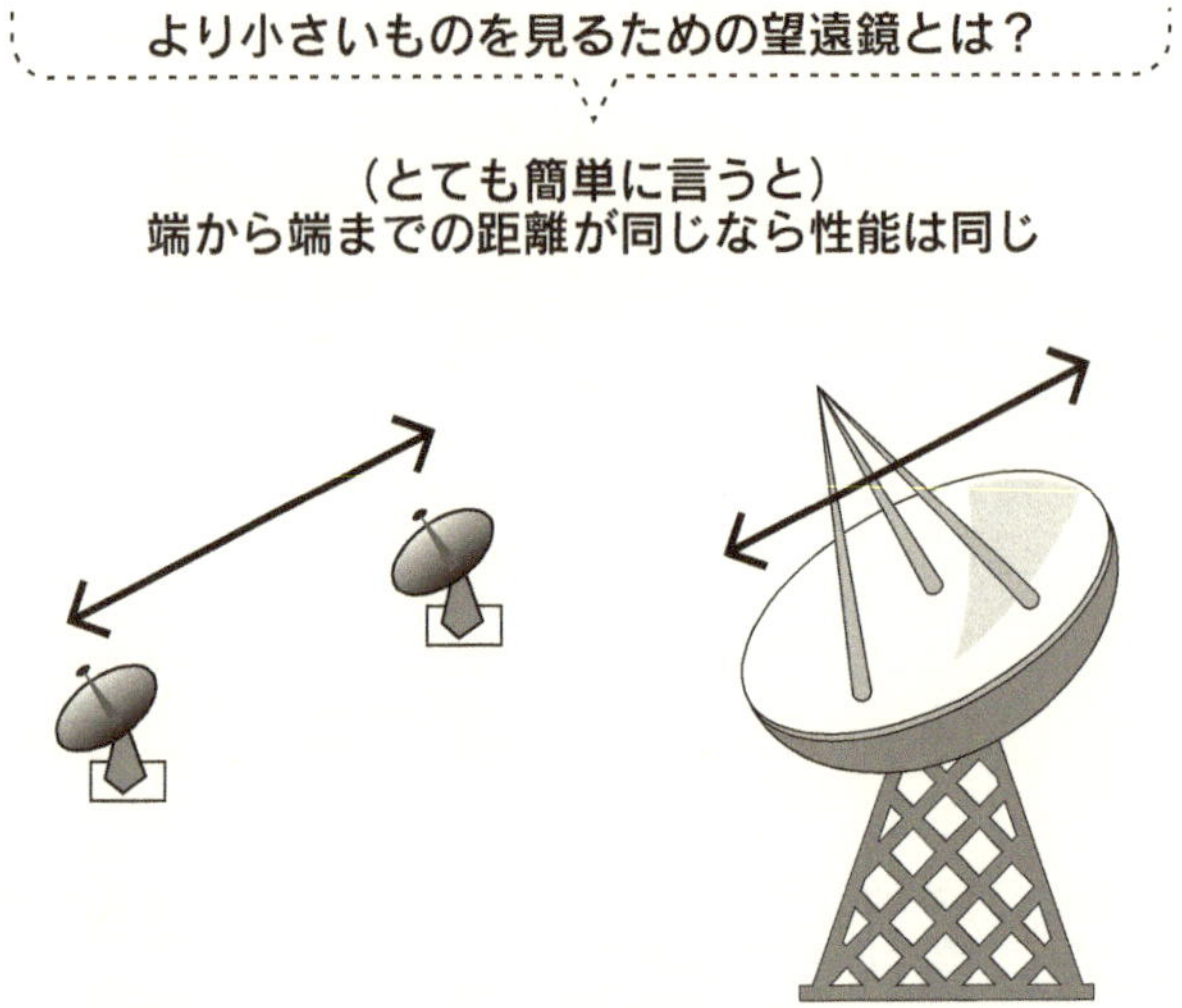
より小さいものを見るための望遠鏡とは？
（とても簡単に言うと）
端から端までの距離が同じなら性能は同じ

図10―5　高い空間分解能を達成する電波干渉計の原理

す。

電波干渉計は、複数の望遠鏡を組み合わせることで、一つの巨大な望遠鏡と同じ空間分解能を達成しようというものです。図10―5を見てください。1台の巨大な電波望遠鏡の場合、空間分解能はその直径で決まります。一方、2台の望遠鏡を組み合わせた場合、非常に大雑把に言うと、空間分解能は望遠鏡間の距離で決まるのです。つまり、離れた場所にある電波望遠鏡を組み合わせるほど、巨大な望遠鏡と同じ性能を発揮できるのです。

ちなみに暗いものを検出する能力は、おおよそ望遠鏡の総面積で決まります。望遠鏡間の距離を離しても望遠鏡の総面積が大きくなるわけではありませんので、電波干渉計によって暗いものを検出する性能が上がるわけではありません。

次ページ図10—6の上は「VLA」と呼ばれる電波干渉計です。一つ一つの望遠鏡は口径25メートルですが、30キロメートルの範囲に展開することで、巨大な電波望遠鏡と同等の空間分解能を達成しています。また、個々の望遠鏡で得られたデータを保存しておき、あとからそれらを組み合わせる方法を採れば、どんなに離れた場所にある望遠鏡でも干渉計として利用することができます（これを「VLBI」と呼びます）。地球上にはさまざまな場所に電波望遠鏡があるので、原理的には地球サイズの望遠鏡と同じ性能を発揮することができるのです。また、宇宙空間に望遠鏡を打ち上げて地球の望遠鏡と組み合わせれば、さらに高い分解能が得られます。日本のVLBI衛星「はるか」は、仮想的に直径約3万キロメートルの望遠鏡を作り上げました（図10—6の下）。

このスペースVLBIで達成できた空間分解能は約100マイクロ秒角です。マイクロ秒角とは1秒角の100万分の1で、1秒角とは3600分の1度です。よく使われる例ですが、10マイクロ秒角は月面に置いた1円玉を地球から見たときの大きさです。いかに優れた空間分解能か、おわかりいただけると思います。

参考までに有名な望遠鏡の空間分解能をあげておきますと、ハッブル宇宙望遠鏡が0・05秒角、すばる望遠鏡が0・2秒角、チャンドラX線天文衛星で0・5秒角となっています。単位が

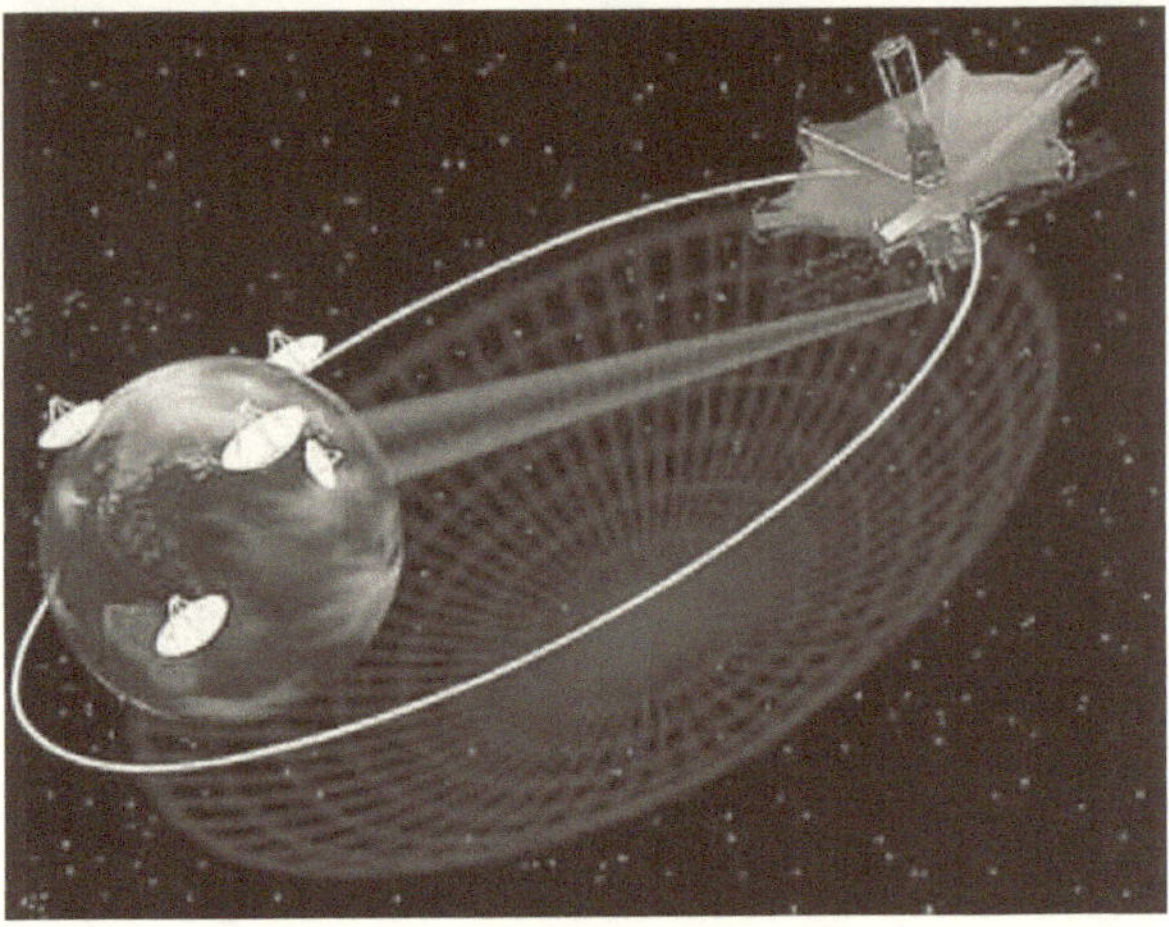

図10―6　30キロメートルに展開できるVLA（上）と、人工衛星と地表を結んで３万キロメートルの仮想望遠鏡を作り出すスペースVLBI（下）

「秒角」であることに注意してください。「マイクロ秒角」を単位とする電波干渉計の空間分解能は圧倒的に優れているのです。

しかし、100マイクロ秒角の空間分解能をもってしても、まだブラックホールの影を見るには不十分なのです。地球から見た影のサイズが最大となるはずのブラックホールは銀河系中心の超巨大ブラックホール（400万倍の太陽質量）ですが、それでも約45マイクロ秒角しかありません。あと一歩及ばないのです。また、M87銀河の中心には10億倍の太陽質量を超える超巨大ブラックホールがありますが、距離が遠いために、見かけの大きさは15〜20マイクロ秒角程度になってしまいます。その他のブラックホールは絶望的です。たとえばはくちょう座X－1の恒星質量ブラックホールは、距離は圧倒的に近いものの質量が小さいため、影の見た目のサイズは0・1マイクロ秒角以下とはるかに小さくなってしまうのです。

その後の研究で、銀河系中心の超巨大ブラックホールの影を見るのに適しているのは、比較的波長の短い電波（サブミリ波）であることがわかってきました。ほかの電波で観測しようとすると、ガスの影響でブラックホールの影がぼやけてしまう可能性があるのです（望遠鏡の性能が向上しても影が見えないかもしれないということです）。サブミリ波の場合は、望遠鏡間の距離が比較的短くても、高い空間分解能を達成できます。実を言うと、空間分解能は望遠鏡間の距離だけでなく、観測する光の波長にも関係するからです（とはいってもＶＬＢＩは必須ですが）。

サブミリ波での観測をめざし、チリにある最新の望遠鏡ALMA（アルマ）が、いままさに稼働直前の状況です。単体ではとうてい空間分解能が足りませんが、地球規模のサブミリ波VLBIが実現し、詳細な観測が行われれば、近い将来、ブラックホールの影が見つかる日がやってくるかもしれません。ブラックホールが実在することの確かな証拠が得られるのです。楽しみに待っていてください。

## X線望遠鏡でブラックホールの近傍を見る

X線天文学は日本のお家芸ともいえる分野です。歴史的に見ても、世界をリードする成果を上げてきました。第3章で紹介したはくちょう座X－1での功績はその一例です。

X線の最大の特徴は、ブラックホールの近傍を見ることができるということです。ブラックホール近傍のガスは高温になるので、強いX線を放射します。したがって、ブラックホールの情報を得るのにX線観測はきわめて重要なのです。また、X線には透過力が高いという特徴もあります（レントゲンはその性質を利用しています）。ブラックホールがガスに覆い隠されていても、それを透かしてブラックホール近傍を見ることができるのです。実際、他の波長では見つけることのできないブラックホールがX線観測で見つかっています。

現在、すざくX線天文衛星が活躍していますが、すでに次世代衛星「ASTRO-H」の計画が進んでいます（図10―7）。ただしASTRO-Hというのは計画中の名前で、打ち上げに成功すると正式な名前がつきますのでご注意ください。ASTRO-Hはこれまで以上に暗いX線源を検出することが可能であるばかりでなく、飛来するX線の波長を詳細に分解することもできます。

波長を詳細に調べることができるようになると、ガスの運動する速度がわかります。アインシュタインの一般相対論によると、天体の周りの空間が歪み（第2章参照）、その歪みが重力となって、物質の運動が決まります。したがって、ガスの運動を詳細に知ることができれば、空間の歪みを知ることができるのです。一般相対論はニュートン重力を超える重力理論として広く信じられていますが、実はまだまだ確定したわけではありません。他の重力理論も多数提案されているのです。はたして時空の歪みは一般相対論の予言通りか否か？　ASTRO-H計画は、一般相対論を検証するという野心的な試みでもあるのです。

図10―7　次世代X線天文衛星ASTRO-H

すざく衛星やASTRO-Hには比較的狭い領域を詳細に観測するという性質があるのに対し、全天を広く観測する装置も稼働しています。全天X線監視装置「ＭＡＸＩ」です。ＭＡ

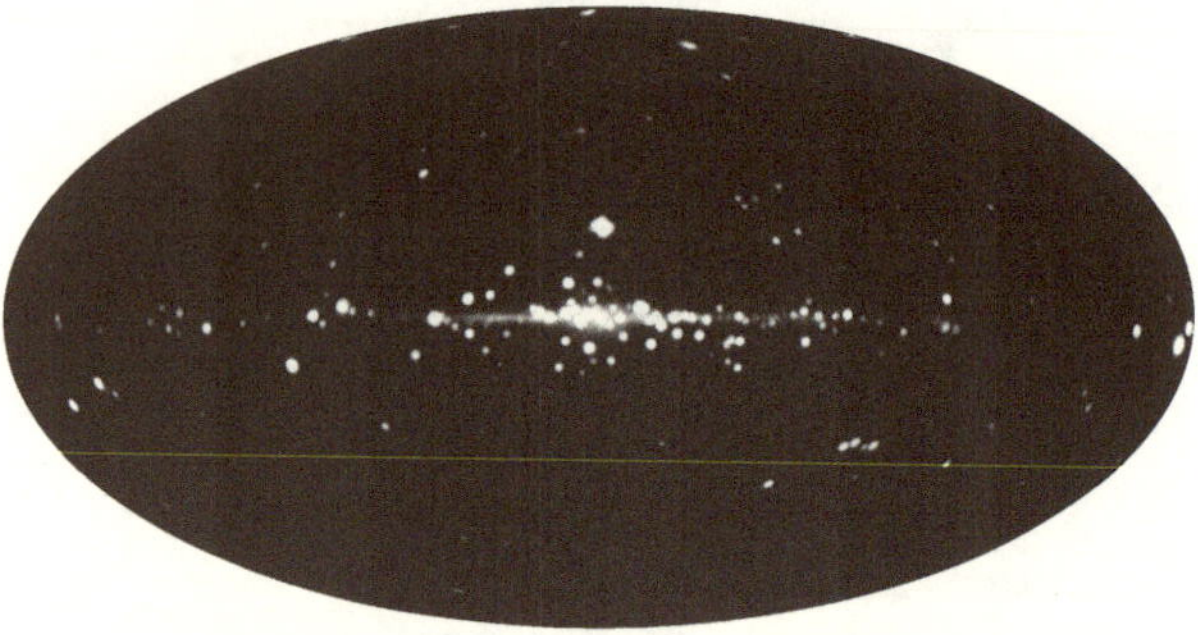

図10―8　MAXIが撮影した全天のX線画像©2011理研・JAXA・MAXIチーム

XIは国際宇宙ステーションの「きぼう」に設置されており、ステーションが地球の周りを周回するのを利用して約1時間半ごとに全天を観測しています。

現在見つかっているブラックホール候補天体の数は限られています。銀河系内では約60個にすぎません。MAXIによって新たなブラックホール候補天体が発見されれば、研究が大いに発展することになるでしょう。実際、MAXIは稼働からおよそ1年で新たなブラックホール候補天体を発見しました。ごく最近（2010年）のことです。

また、ブラックホール候補天体の中には、輝き始めたかと思うとわずかな時間で消えてしまうものもあります。このような時間変化はブラックホールの謎を解き明かすうえで重要です。MAXIは1時間半ごとに全天を観測しているので、突然輝き出した天体を見逃さず、世界中に速報を送ります。それにより、さまざまな観測装置がその天体を詳細に観測することになるのです。いわばブラックホールの番人のような役目も担っているわけです。

## 光赤外望遠鏡で成長途上の超巨大ブラックホールを見る

ハワイのマウナケア山頂のすばる望遠鏡は最も有名な光赤外（可視光と赤外線）望遠鏡です。8・2メートルという巨大な鏡で集光することで、これまでに優れた成果を生み出してきました。

いまブラックホールの研究者がこのすばる望遠鏡に期待しているのは、超巨大ブラックホールの成長過程を解明することです。第4章で説明したように、超巨大ブラックホールであるクェーサーは、はるか遠方の宇宙で輝いています。したがって超巨大ブラックホールが成長している〝現場〟を押さえるには、さらに遠方の宇宙を観測する必要があるのです。

そのためには、望遠鏡を長時間にわたって占有する必要があります。遠方になるほど天体から届く光は少なくなる（見た目の明るさが暗くなる）ので、すばるのような巨大望遠鏡であっても、多数の光を集めるために同じ方向を見続ける必要があるのです。また、観測する方向にも注意が必要です。すでに明るい天体が見つかっている領域を観測すると、その光が邪魔となって暗い天体が見づらくなります。まだ何も見つかっていない暗い領域を、長時間にわたって見続ける

図10—9　TMT望遠鏡の完成予想図

必要があるのです。もちろん、そのような観測をしても遠方のブラックホールが必ず見つかるという保証はありません。ある程度確率を計算することはできますが、ハズレということも十分にありえます。

このような観測は大変困難です。技術的な問題だけではありません。世界中には多数の研究者がいて、さまざまな研究をしています。したがって、すばるのような世界トップクラスの望遠鏡を占有することは許されないのです。しかし近年になり、多数の研究者が協力して長時間観測を実現しようという計画が動き出しています。これには微力ながら私も参加しています。すばる望遠鏡のフィーバーは一段落したように思っている方もいらっしゃるかもしれませんが、今後に期待してください。

また、次世代望遠鏡の建設計画もあります。すばるの8・2メートルをはるかに超える30メートル級の望遠鏡で「TMT」と呼ばれています（図10—9）。電波干渉計の説明のとき、空間分解能が望遠鏡の直径（複数台で干渉させる場合は望遠鏡間の距離）で決まると説明しましたが、暗いものを見る性能はおよそ面積で決まります。ＴＭＴはその点で、すばるをはるかにしのぐ性能を持つことになるのです。

ＴＭＴには、宇宙で最初に生まれた星や銀河の発見という期待がかけられています。いずれは、ビッグバンからわずか数億年という非常に若い宇宙の様子を明らかにするでしょう。クェーサーが誕生する前の宇宙ですから、超巨大ブラックホールに向かってまさに成長しているブラックホールが多数存在することでしょう。超巨大ブラックホールの成長過程や超巨大ブラックホールと銀河の共進化の謎（第５章参照）も解明されるかもしれません。稼働は２０１８年の予定です。

## 重力波検出器でブラックホール誕生の瞬間を見る

最後に、重力波天文学について紹介します。重力波天文学は今世紀に幕を開けるであろう新たな天文学と言っていいでしょう。ここまで紹介した電波、Ｘ線、光赤外といった天文学では、波長は異なりますがすべて電磁波（光）を観測しています。しかし重力波天文学は、時空の歪みを検出するのです。

重力波とは何なのか？　簡単にイメージできるような説明をします。

## 重力波は空間の歪みの伝搬

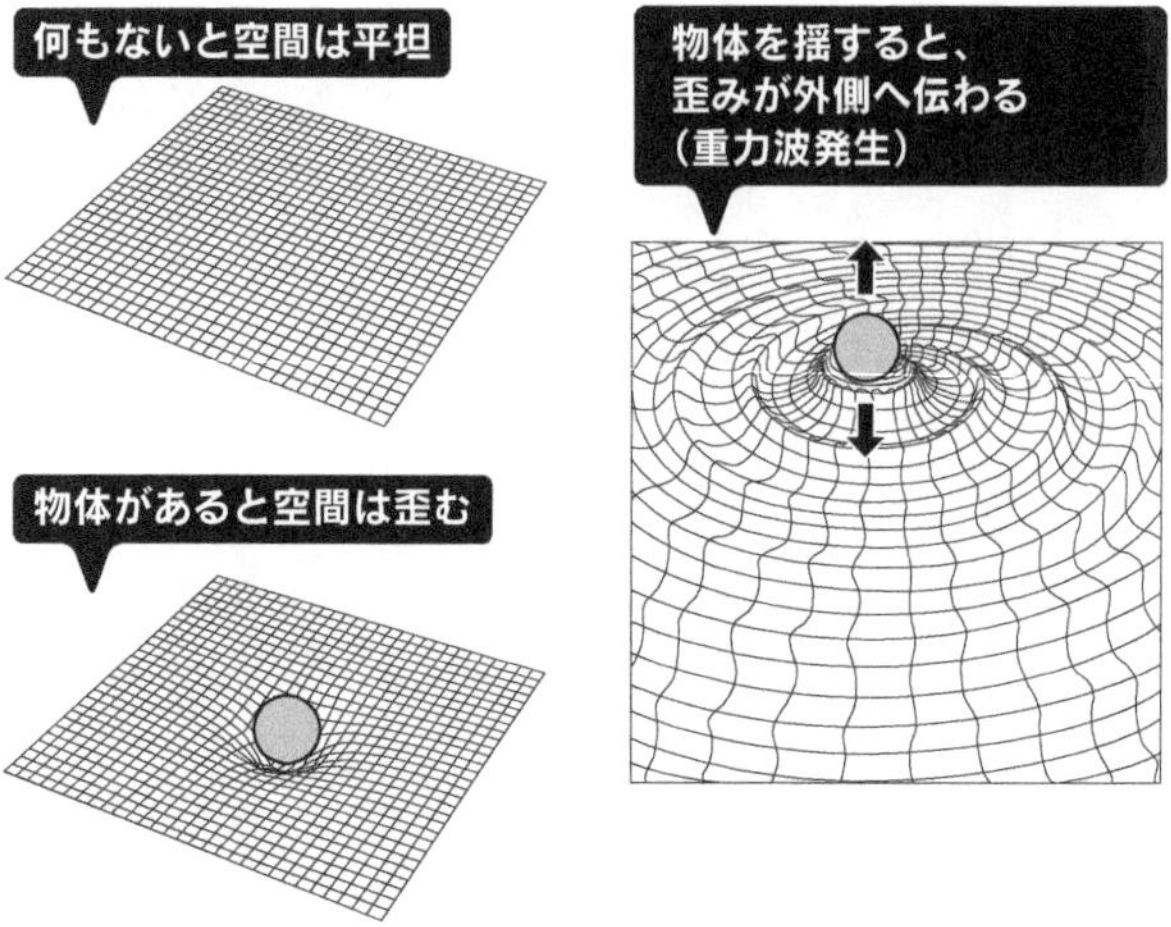
何もないと空間は平坦
物体があると空間は歪む
物体を揺すると、
歪みが外側へ伝わる
（重力波発生）

図10—10　重力波

物体が何もないとき、空間は歪まず平坦になっています。一方、物体が存在すると、周りの空間は歪みます。この空間の歪みはゴム膜の凹み具合として理解できることは第2章で説明しました。図10—10の左上と左下のように、物体が存在しないとゴム膜はピンと平らに張っていて、物体があると凹むわけです。お忘れの方は復習してください。

さて、ここまでは物体が静止している状況を考えていますが、物体がゴム膜の上を動く（たとえばゴム膜上の物体を手で揺らす）と、何が起こるでしょうか？ゴム膜は、振動することになります。もう少し正確に表現すると、ゴム膜の凹凸が波となって、外側に向かって伝わっていくのです。水面に波紋が広がる様子を思い浮かべるとよいでしょう。ゴム膜の凹みは空間の歪みを表していますから、空間の歪みが外側に伝わっていくことになるのです。これが重力波です。重力波は一般相対論が予言する現象であり、ニュートン重力では決して説明することができません。このため、アインシュタインの最後の遺産ともいわれています。

あとで解説しますが、重力波の検出は電磁波の検出と比べてきわめて難しいことがわかっています。それにもかかわらず、ブラックホールの研究者が重力波の検出を夢見ているのはなぜでしょうか？　それは、ブラックホールの誕生の瞬間を調べる唯一にして最高の手段と考えられているからです。ブラックホールが誕生する瞬間、強い重力波が発生します。それを捉えることで、ブラックホールの形成メカニズムを直接調べることができるのです。

重力波には、ブラックホールの研究においては本質的に電磁波より優れている点があります。たとえば巨大な星が超新星爆発を起こした状況を考えると、ブラックホール誕生の現場は大量のガスに包まれていると予想されます。すると、放射された電磁波は周囲のガスによって吸収されてしまうことでしょう。それに対し、重力波は減衰することなく伝搬するので、厚いガスに埋もれたブラックホール誕生の瞬間を直接見ることができるのです。

さらにつけ加えると、電磁波はブラックホール周囲のガスから放射されるので、ブラックホールの情報を間接的にしか伝えてくれません。一方、重力波は空間の歪みの情報ですから、より直

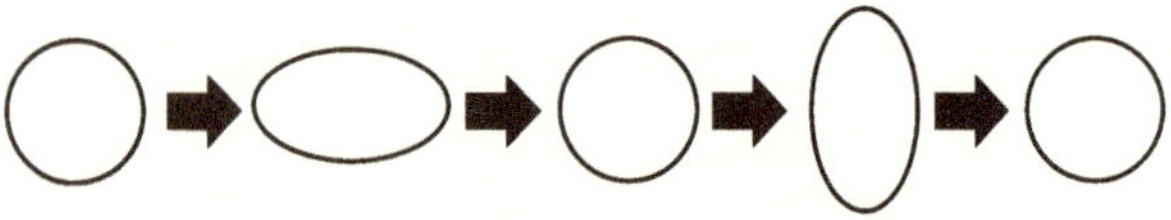

図10―11　重力波の到達による空間の伸縮

接的にブラックホールを調べることが可能なのです。

さて、ブラックホール天文学における重力波の重要性をわかっていただいたところで、重力波の検出に話を進めましょう。まずは重力波が到達すると何が起こるのかについて説明します。図10―10のように物体が動くことによって発生した重力波は、光の速度で伝わります。到達すると空間が歪むことになります。空間が歪むと、図10―11のようなことが起こります。

ある円を想定し、そこに重力波が到達したとしましょう。すると、円は横長になって戻り、次に縦長になって戻るということを繰り返します。縦方向の空間と横方向の空間が交互に伸び縮みするのです（物体の揺れ方によっては斜め方向にも伸び縮みしますが、ここでは省略します）。ここで登場した円は仮想的に空間に印をつけたものであり、実際の物体である必要はありません。空間そのものが伸縮し、ある2点間の距離が変わるということを理解してください。たとえばですが、円の12時の地点に地球があり、6時の地点に月があるとすると、地球と月の距離が近くなったり遠くなったりを繰り返すわけです。

この空間の伸縮を検出するのが重力波検出器です。重力波検出器の原理は簡単です。二つの方向をたえず見張っておくだけでいいのです。図10―12を見て

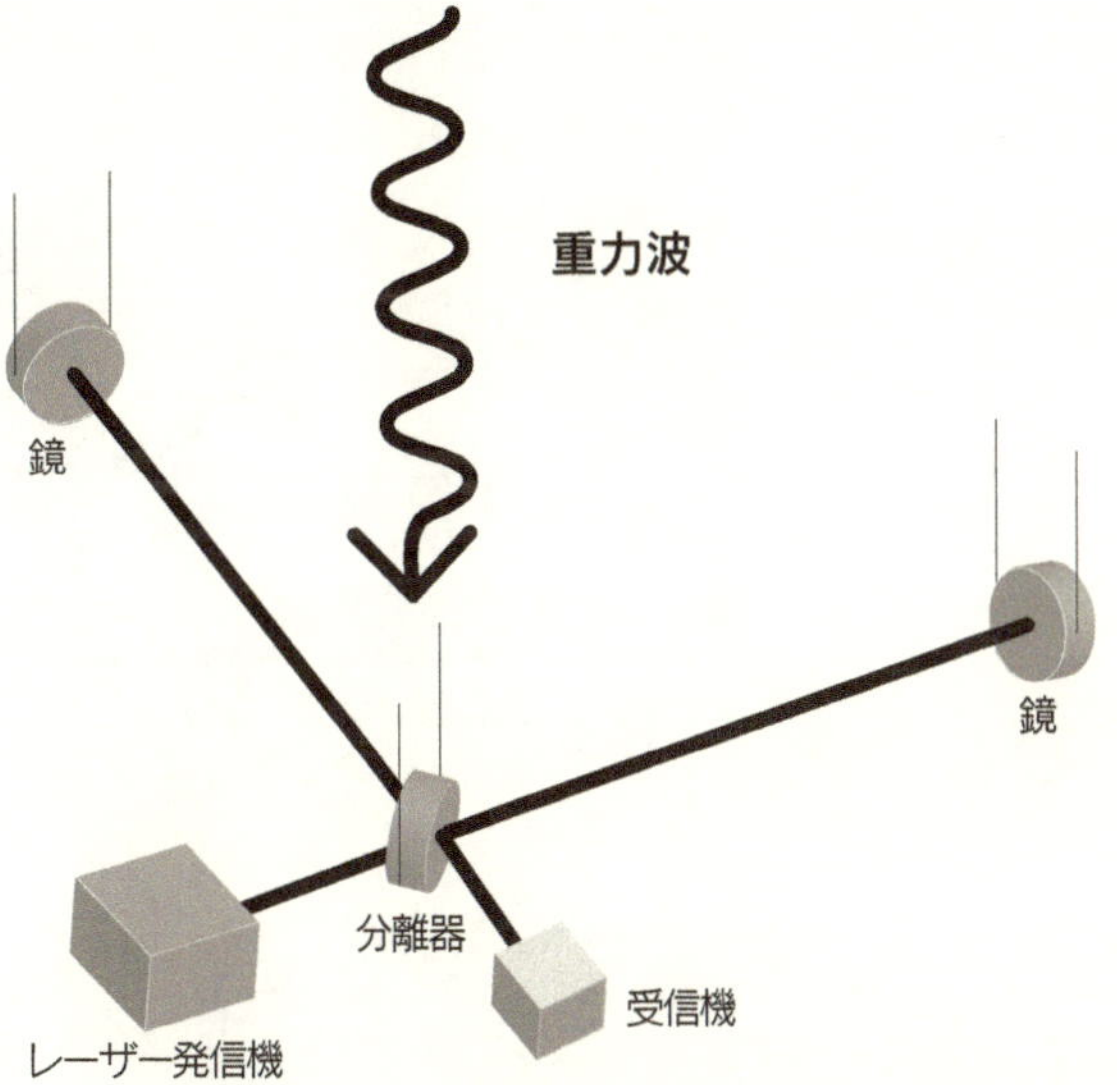


図10―12　重力波検出器の原理

ください。レーザーを90度ずれた二つの方向に飛ばして、鏡までの距離を見張っています。仮に分離器から二つの鏡までの距離が同じだとしましょう。重力波がやってくると、空間の伸縮が起こります。すると、一方の鏡までの距離が短くなり、もう一方の鏡までの距離が長くなります。この距離のずれを検出することで、重力波が到来したことを知ることができるのです。非常にシンプルな原理です。

しかし言うは易し、行うは難し。原理は簡単ですが、実際に重力波を検出するのは至難の業です。観測されることを期待されている重力波は、ほんのわずかにしか空間を伸縮させません。

太陽と地球の間が原子1個分、もしくはそれよりずっとわずか（たとえば原子の100分の1程度）にしか伸び縮みしないのです。重力波の検出には、想像を絶するほど精密な装置が必要なのです。

このようなわずかな空間の伸縮を捉えるため、重力波検出器には幾多の工夫が施され、またノイズを減らすための努力がなされています。くわしい説明は省きますが、図10―12のようにレーザーを二つに分けて鏡で反射させるというのも工夫の一つです。また、鏡までの距離も重要になります。100キロメートルを超える距離が理想的という見積もりもありますが、そこまで巨大な装置の建設は現実には困難です。東京都三鷹市の国立天文台にある「TAMA300」は、300メートルの距離を確保して技術開発に貢献し、世界の先駆けとなりました（図10―13）。また、岐阜県の神岡鉱山は、ニュートリノを捉えるスーパーカミオカンデで有名ですが、ここに3キロメートルもの距離を確保する巨大重力波検出器を建設する計画もあります。LCGT計画です（図10―14）。そのほかにも多数の計画が世界中で進めら

図10―13　重力波検出器の先駆けとなったTAMA300

図10―14　巨大重力波検出器LCGTの概念図

れています。さらに、レーザーの発信・受信装置と二つの鏡を別々の人工衛星に搭載して宇宙空間に浮かべ、1000キロメートルもの距離を確保しようという壮大な計画もあります（たとえばDECIGO）。

しかし装置の性能を向上させても、重力波のあまりに微弱なシグナルをノイズの中から見つけ出すのはまだまだ困難です。そのためもあって、到来すると予想される重力波の性質をあらかじめ調べておこうという研究も行われています。理論的な予想があれば、ノイズの中から意味のあるシグナルを見つけ出すことが比較的容易になるからです。

ブラックホールの形成に伴う重力波の

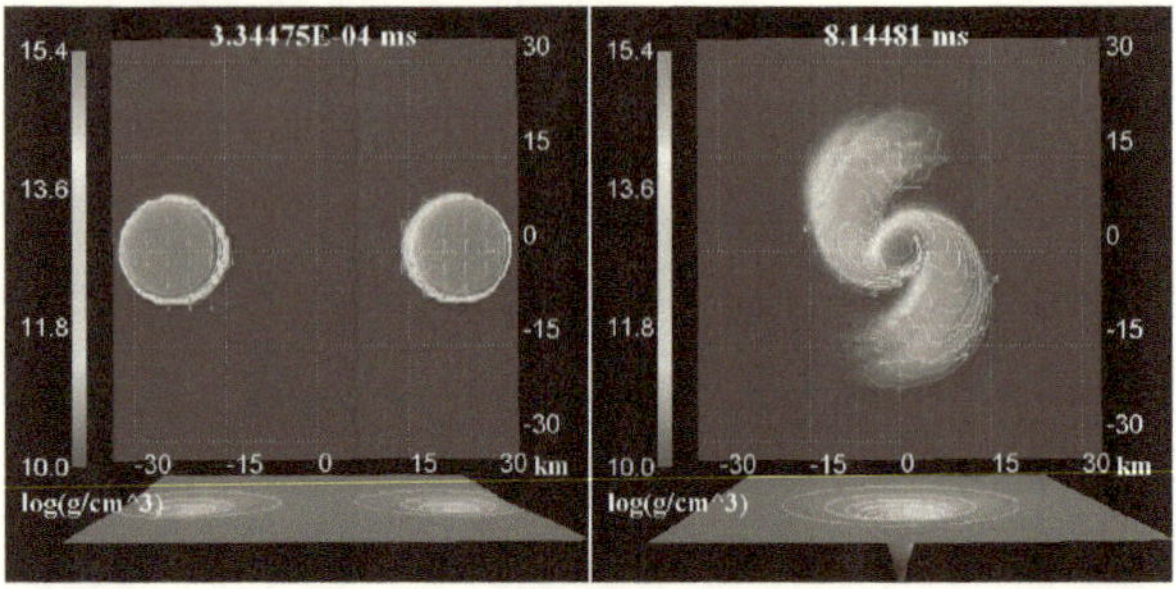

図10—15　中性子星どうしの合体によるブラックホール形成のシミュレーション（京都大学 関口雄一郎氏提供）

発生を調べるため、スーパーコンピュータを用いたシミュレーションも行われています。超新星爆発の研究も進められていますが、ここでは中性子星どうしの合体によるブラックホール形成の研究を紹介します。

ここまでは説明しませんでしたが、中性子星どうしの合体も、ブラックホールを形成するメカニズムとして有力視されているのです。第3章で説明した通り、中性子星には質量の上限値があります。二つの中性子星が合体してその上限値を超えると、もはや中性子星として存在することは不可能で、ブラックホールになってしまうのです。

図10―15は中性子星どうしが合体してブラックホールが形成される様子です。左は二つの中性子星が少し離れて互いの周りを回っている状況です。徐々に距離が近づき、まさにブラックホールが誕生する直前が右の図です。このとき、強い重力波が発生するのです。左右の図の下にある膜は、空間の歪みをゴム膜の凹みのように表示しています。ブラックホー

ルが誕生すると空間が大きく歪むことがわかります。

このシミュレーションでは、一般相対論を数値的に解いて、中性子星の運動や変形、ブラックホールの誕生、そして発生する重力波を計算しています。宇宙物理学で最も難解な研究課題の一つで「数値相対論」と呼ばれます。この分野をリードするのが柴田大氏（京都大学）であり、図10―15は彼のグループの関口雄一郎氏（京都大学）らの研究成果です。

このようなシミュレーションで重力波の性質をあらかじめ調べておき、今後、高性能な重力波検出器が稼働すれば、一般相対論を検証しつつ、ブラックホール誕生の瞬間に迫ることができるでしょう。重力波が検出されれば、エディントンが光の曲がりを証明したときのように、新聞の一面を飾るのではないかと私は予想しています。ノーベル賞という声も聞こえてくるのではないでしょうか。

## BLACKHOLE 10　この章のまとめ

ブラックホールは、物理学および天文学の主役の一つとなっています。しかし、ブラックホールが生まれる瞬間、そしてそれが超巨大ブラックホールに成長していくメカニズムはまだまだ謎に包まれています。それどころか、ブラックホールが存在する証拠さえ、いまだに得られていないのです。

そのような状況を打破するべく、電波干渉計は影を見ることで暗黒天体ブラックホールの存在を確たるものとしようとしています。X線や光赤外望遠鏡は、ブラックホール周辺の物理やブラックホールの成長過程を解き明かす可能性があります。重力波検出器はブラックホール誕生の瞬間を狙っています。また、スーパーコンピュータを用いた理論研究も観測を強力にサポートするでしょう。最新の観測装置、現在進行中の観測プロジェクト、そして理論研究、これらがすべて協力し合うことで、ブラックホールの謎が次々に解き明かされることでしょう。

20世紀に登場したブラックホールの謎を解明する21世紀となることを期待しています。

# あとがき

まだまだ若手研究者の部類に入る私が、まさか一冊の本を書き下ろすことになろうとは夢にも思っていませんでした。若手の使命は最前線に立って研究を進めることであり、普及・教育活動は経験豊かな方々の役割であると思っているからです。この考えは基本的に変わっていませんが、自分なりに趣向を凝らした解説で、ブラックホールの歴史物語から最新の理論までをみなさんに届けることができたことをうれしく思っています。

それにしても、人生とは何があるかわからないものです。ちょっとしたことがきっかけで運命が変わることはみなさんも経験したことがあると思いますが、本書の執筆も些細なことがきっかけとなっています。ことの始まりは2009年6月でした。

私のオフィスの電話が鳴りました。それは朝日カルチャーセンターの神宮司英子さんからの突然の講演依頼でした。私は学会では何度も講演していますが、一般の方々に向けて話をした経験はほとんどありません。私にはまだ早いと思いましたが、神宮司さんの熱心な説得（と話術）に負けて引き受けることになりました（正直に言うと「面倒だな～」と思っていました）。私は率直過ぎるくらいにはっきりものを言うタイプですが、NOと言えない日本人らしい一面もあるようです。あとでわかったことですが、私を売った（？）のは小久保英一郎氏（国立天文台）でした。

これが地獄の始まりでした。いざ準備を始めてみると、自分がいかにブラックホールを知らないかを思い知らされたのです。研究そっちのけ（共同研究者のみなさん、ご迷惑をおかけしました）で本を読みあさることになりました。さらに、自分がわかることと、やさしく説明できることは違うことも私を苦しめました。

結果としては、2時間×2回の講演は私にとってとても楽しいものになりました。聴衆のみなさんは非常に熱心で、たくさんの質問をしてくれました。何に興味があって、どこで引っかかって困っているのかがわかり、大変参考になりました。準備から本番の講演までを通じて、誰より私自身がいちばん勉強になりました。このご縁で翌年も朝日カルチャーセンターで4時間を超える講演を行うのですが、このときもみなさん意欲的で、私が「みなさんお疲れでしょうから休憩をとりましょうか」と持ちかけても「続けてください」と言うのです。実は疲れて休みたかったのは私だったのですが。

さて、2009年のたしか2回目の講演のあと、講談社の山岸浩史さんとお話をしました。熱心に聴講していらしたので、よほどブラックホールに興味があるのか（もしくは厳しい上司の命令か）と思っていたのですが、なんとブルーバックスでの執筆依頼でした。厳密さを犠牲にしてでもとにかくかみくだいて解説するという講演方針を気に入っていただいたようです。

ブルーバックスといえば、私は完全に読者側の人間でした。研究一本で活動していた私には、本を執筆した経験はほとんどありません。さすがにこのときは何度もお断りしました。講演だけでもあんなに苦労したのに、本を書くとなればどれだけの勉強を強いられるか、想像したくもありませんでした。しかし、山岸さんの熱意（とおだて）に負けて、結局は引き受けることになってしまったのです。

このようにちょっとしたことがきっかけとなって、気がつけば本の執筆（と猛勉強）という事態にまで至ってしまったわけです。どこかで何かが少しでも変わっていたらみなさんと出会うこともなかったと思うと、不思議な気持ちになります。

さて、あまりにも苦労したのでここで愚痴を言うことをお許しください。私はスキーが大好きです。しかし、本書の執筆のため2010~2011年のシーズンは1度もゲレンデに行けませんでした。本当なら最低でも週に二日は行きたいと思っていたのですが（有給休暇もたっぷり残していたのに……）。ノルンスキースクールの先生方、常連のみなさま、上達しなくてあきらめたわけではありません。来シーズンは必ず行きますのでよろしくお願いします。また、天文台野球部にも復帰しますので、メンバーのみなさん、よろしくお願いします。

愚痴はさておき、山岸さんには執筆全般を通じてお世話になりました（山岸さんにとってはリスクの大きな賭けだったことと思います。少しでも期待に応えることができたとすれば幸いです）。また、斎藤ひさのさんには、私の稚拙な図案を元に、わかりやすくてきれいな図版を描いていただきました。さらに、多くの研究者の方々に協力していただきました（ただし、本書の記述に間違いがあってもすべて筆者の責任です）。大阪教育大学の福江純氏、千葉大学の松元亮治氏、九州大学の町田真美氏にはすばらしい図を提供していただきました。苫小牧高専の高橋労太氏、京都大学の関口雄一郎氏には、図の提供のみならず、貴重なアドバイスをいただきました。京都大学の嶺重慎氏には、手が回らなくなった研究を強力にサポートしてもらい、かつ執筆活動を激励していただきました。そのほかにも多くの皆さんの協力、そして何よりも家族のサポートがあって本書は完成しました。深く感謝いたします。

２０１１年５月

大須賀健

【た行】



【な行】



【は行】



【ま行】



【や行】



【ら行】

# さくいん

N.D.C.440.12　270p　18cm

ブルーバックス　B-1728

ゼロからわかるブラックホール
時空を歪める暗黒天体が吸い込み、輝き、噴出するメカニズム

2011年6月20日　第1刷発行
2023年8月10日　第8刷発行

著者　大須賀《おおすが》　健《けん》
発行者　髙橋明男
発行所　株式会社講談社
〒112-8001 東京都文京区音羽2-12-21
電話　出版　03-5395-3524
販売　03-5395-4415
業務　03-5395-3615
印刷所　(本文表紙印刷) 株式会社KPSプロダクツ
(カバー印刷) 信毎書籍印刷株式会社
製本所　株式会社KPSプロダクツ



ISBN978-4-06-257728-1

## 発刊のことば

# 科学をあなたのポケットに

二十世紀最大の特色は、それが科学時代であるということです。科学は日に日に進歩を続け、止まるところを知りません。ひと昔前の夢物語もどんどん現実化しており、今やわれわれの生活のすべてが、科学によってゆり動かされているといっても過言ではないでしょう。

そのような背景を考えれば、学者や学生はもちろん、産業人も、セールスマンも、ジャーナリストも、家庭の主婦も、みんなが科学を知らなければ、時代の流れに逆らうことになるでしょう。

ブルーバックス発刊の意義と必然性はそこにあります。このシリーズは、読む人に科学的に物を考える習慣と、科学的に物を見る目を養っていただくことを最大の目標にしています。そのためには、単に原理や法則の解説に終始するのではなくて、政治や経済など、社会科学や人文科学にも関連させて、広い視野から問題を追究していきます。科学はむずかしいという先入観を改める表現と構成、それも類書にないブルーバックスの特色であると信じます。

一九六三年九月

野間省一